圖解 # 產品設計

實現**數位化**的**設計**和**製造**，**3D 設計即戰力**養成實務
科技面╳**商業面**╳**加工面**╳**製圖面**一應具備！

高橋俊昭 著
洪銘謙 譯

U0014769

序言

　　剛開始從事設計工作的新進員工、以及剛開始和設計部門共事的人，經常都有「不曉得產品設計實際上在做什麼」的疑惑。另一方面，企業的設計部門雖不至於期待新進員工就能成為即戰力，卻會認為新進員工在進入公司前，理應具備設計所需的基礎知識與技術。兩方在認知上的差距，一直以來都存在著巨大鴻溝。不過，企業方也會採取各種措施，對甫進公司第一年的新人安排相關主題的講習等，讓新人在前輩的指導下實際體驗設計工作，藉此補強企業原本認為新進員工應有的知識與技術，期許新人成為可立刻派上用場的設計者，為公司一展長才。這正是當今設計產業的現況。

　　本書是因應業界及各方委員會相關人士的要求，筆者以截至目前為止的設計經驗做為基礎，並將2014年起每年舉辦的「設計大賽」（由公益社團法人日本設計工學會〔JSDE〕主辦，一般社團法人電子資訊技術產業協會〔JEITA〕三維CAD資訊標準化專門委員會技術支援）中，筆者參與培訓指導的經驗編纂成技術書籍，以期剛開始從事設計的工作者，能夠掌握並活用產品設計工作現場上的知識。

　　在設計大賽中，來自各大學、研究所、高等專門學校的學生，針對大賽所提出的課題，都競相發揮設計能力。由於大多數參賽者並不具備足夠的設計經驗，因此，大賽亦提供了各種訓練活動，從設計開始前的機械設計基本訓練，到實際使用3D CAD（電腦輔助設計軟體）按照幾何公差指示繪製3D圖面的訓練。

　　本書參考了設計大賽中的訓練內容，特別針對產業界的機械設計師及技師必備的基本知識編纂而成。

　　讀者在閱讀本書後，倘若能對時下產業界要求設計者應有的「觀念」、「職責」、「工作內容」等稍增理解的話，對筆者而言將是莫大榮幸。如今的日本製造業界求新求變，期待肩負此重任的年輕技師們能夠大顯身手。

2020年4月 筆者

目錄 CONTENTS

第 **3** 章

3D圖面與幾何公差　　27

目錄 CONTENTS

第**4**章

產品設計 73

第**5**章

鑄模製零件 85

第**6**章

鑄模製零件設計 　　　　105

第 1 章

日本的產業界

　　戰後70餘年以來，日本的製造業界儘管面臨各種挑戰，仍不斷緊追先進國家並奠定了製造技術。然而在數位化蓬勃發展的現代，只要有數據就能製造產品。在大量生產方面，由於受到新興國家低生產成本優勢的影響，導致包含日本在內的先進國家國際競爭力明顯每下愈況。

　　日本政府為實現「Society 5.0」此一新社會概念，提出了數位基礎建設的必要性。今後的日本產業界，有必要建立起能夠將數據有效應用於各工程中的製造基礎。

　　筆者在此推薦身為日本未來棟樑的年輕機械技師們，可閱讀以日本汽車工業協會及電子、辦公室設備業界為中心所發行的日本工業標準JIS B 0060系列標準，做為工作上的參考資料。

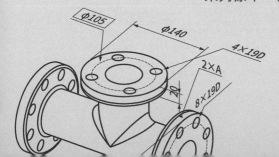

1-① 日本的產業界～從過去到未來

　　戰後日本的製造產業以重工業為中心不斷追英趕美，在狹小的國土上，鋼鐵、造船、汽車、家電等許多企業不斷開發生產著類似產品。當時國際需求強勁，只要做得出產品就賣得掉，但如今生產的主要據點已轉移至人力成本低廉的國家。如何將累積至今的製造技術及訣竅應用在今後的製造業上，可說是日本今後至關重要的課題。

　　日本內閣府近年致力推動將物聯網（Internet of Things，IoT）、萬物聯網（Internet of Everything，IoE）、機器人、人工智慧（AI）、大數據等新技術，應用在所有產業及社會生活中以求開創新局。為了實現「Society 5.0」此一全新的社會理念，並透過符合所有人需求的方式來解決社會問題，有必要善加利用引進3D數據的數位工程環境來強化數位基礎建設。

▲圖1.1.1引用自日本內閣府網站（內閣府製作資料）

電子檔（技術文件）方面，日本政府於2019年起便開始研議為其制定國際標準，期待數年後所有電子檔皆可標準化，並提供相應的系統支援。

1-② 日本產業界現狀

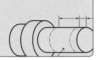

　　日本產業界正式引進3D CAD（電腦輔助設計軟體）已有20餘年，許多企業透過把設計圖由傳統的紙本圖面轉為數位資料，對設計數據（data）的有效運用方法做了通盤檢討。

　　業界期待透過各種工程的自動化來達成優化，例如運用各種解析軟體來提升設計品質、透過設計的可視化管理達成前期投入[1]並縮短生產啟動期間、利用設計數據進行測量等。然而現狀是機械相關系統的設計於2D CAD進入3D CAD時，許多企業投入了龐大的資金進行開發，但時至今日尚無明確成果。各企業投入了龐大資金，並期待能夠在設計、生產面上帶來豐碩成果，其中又以設計部門特別受期待，而設計部門也為了能夠拿出成果而做了許多努力。

　　如今3D CAD系統已是足堪使用的設計工具，但當初在引進3D CAD時功能尚未齊全，造成當時在設計上的進展遲遲不如預期，且經常因為版本更新導致原本的功能及操作方式突然改變，讓設計者不得不將寶貴的設計時間浪費在重新適應上。

　　日本的汽車工業界與電子、精密儀器業界從2002年起，便為了將2D圖面轉進至3D圖面，開始推廣以設計成果產品為主的3D單獨圖（參照**圖1.2.1**）。

---

[1] Front loading：指開發產品過程中，在前期階段投入成本，將後期可能遇到的問題提前於前期解決。

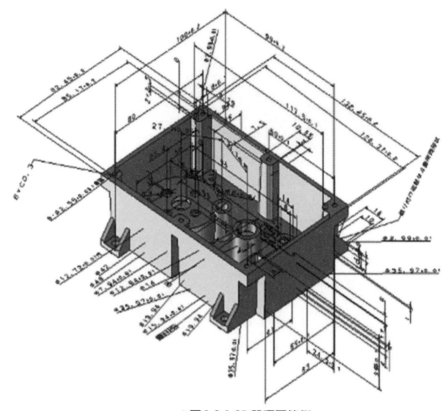

▲圖 1.2.1 3D 單獨圖範例
（引用自JEITA三維CAD資訊標準化專門委員會資料）

　　3D單獨圖，指的是將傳統2D圖面上記載的設計需求改為記載在3D模型上的改動措施。然而JEITA三維CAD資訊標準化專門委員會於2012年實施的歐洲調查及2014年的美國調查中指出，日本的汽車、電子、精密儀器業界所推廣的這項改動，只不過是將原本2D圖面上的設計需求原封不動地移到3D模型上而已。此方法不僅無法期待能夠有效運用設計數據，甚至就圖面解釋而言，3D單獨圖可說是一種圖面指示模糊不清的圖面。筆者亦曾有過痛苦經歷，深切體會到日本的圖面指示與世界相比是何等落後。其後，JIETA在研究過世界通用的圖面與國際標準（尤其是幾何公差相關的ISO標準）後，於2014年起著手開發能夠將數據應用在各工程中的JIS 數位產品技術文件資訊DTPD（Digital Technical Product

Documentation），將原本的3D單獨圖進化為以幾何公差為準的「三維產品資訊附加模型（3D annotated model，3DA模型）」（參照圖1.2.2）。

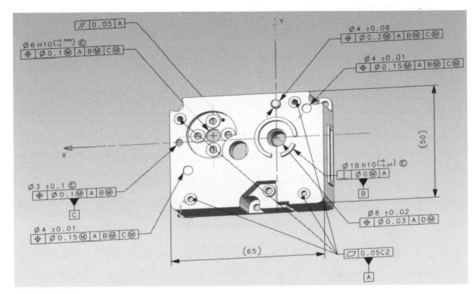

▲圖1.2.2 3DA模型範例（電腦螢幕顯示畫面）
（引用自JEITA三維CAD資訊標準化專門委員會資料）

1-③ 3D圖面與JIS規格

　　日本的產業界，除了使用JIS與ISO標準以外還有產業界個別制度的規則，並配合產業界技術訣竅制定準則以求提升工作效率。在產業界個別制定的規則中，包含各個業界及企業特有的運用相關規則與準則，當然，其中也有部分是若採用JIS或ISO標準反而更能夠獲得更好成果及更高效率的情況。為了今後能夠提出適用於產業界的JIS、ISO規格，身為提案方有責任驗證該規則的效果，這也是為了贏得國際間信賴的必要措施。

　　2015年秋，日本參考了ISO16792（Technical product documentation－Digital product definition data practices，技術產品文件－數位產品定義數據

規範），新制定了JIS B 0060-1:2015（數位產品技術文件資訊－第1部：總則）與JIS B 0060-2:2015（數位產品技術文件資訊－第2部：術語）。這個標準規範了在制定三維產品資訊附加模型（3DA模型）時的基本事項、整體的數位產品技術文件資訊（DTPD）及其術語。3DA模型係指用於一般機械、精密機械、電子機械等工業領域中的模型。

關於目前發行中的相關標準「第3部：3DA模型中設計模型的表示方法」與「第4部：3DA模型中註解的指示方法」，會於第3章〈3D圖面與幾何公差〉中稍做說明。

DTPD中，除了三維產品資訊附加模型之外，還有製造業各工程特有的資訊（DMU數據、解析數據、製造數據、實驗數據、品質數據、服務數據），並由管理這些數據的DTPD管理資訊所組成（參照**圖1.3.1**）。各工程的共通點是將三維產品資訊附加模型相關的個別數位資訊彼此聯結，並由各工程負責應用。三維產品資訊附加模型雖然主要以3D圖面為基本，但由於3D CAD的功能未臻完善，因此也會配合2D圖面一起使用（參照**圖1.3.2**）。

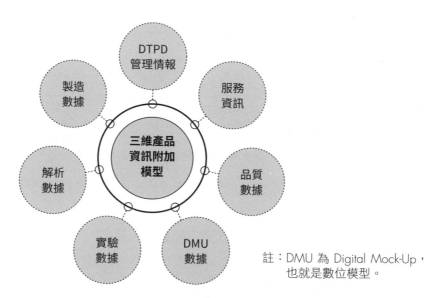

註：DMU 為 Digital Mock-Up，也就是數位模型。

▲圖1.3.1 數位產品技術文件資訊（DTPD）中所處理的數據體系（JIS B 0060-2:2015 三維產品資訊附加模型的組成）
（引用自數位產品技術文件資訊－第2部：術語的圖1）

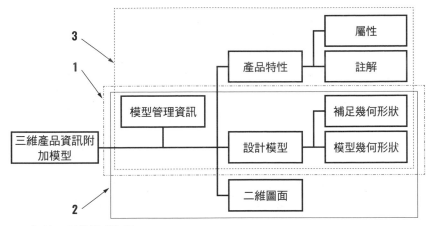

1 第 1 型的組成資訊
2 第 2 型的組成資訊
3 第 3 型的組成資訊

▲**圖1.3.2 三維產品資訊附加模型的分類及組成資訊 JIS B 0060-2:2015 三維產品資訊附加模型的組成**（引用自數位產品技術文件資訊－第2部：術語之圖2）

　　JIS B 0060-1、4數位產品技術文件資訊（DTPD）目的2記載：「本標準目的係將產品透過數位資訊形式呈現，期許相較於傳統方式，能夠更精準、明確、有效率地將要求事項於資訊建立者與使用者之間確實傳達，並制定其處理標準。此外，在產品研究開發與生產的各流程，以及與顧客相關的所有流程中，皆可活用該資訊」。此JIS與生產流程關係如**圖1.3.3**所示，此圖為筆者2013年時為了說明日本製造業各生產流程與DTPD的關係而製作的示意圖。

　　所謂的設計意圖，是基於設計模型與產品特性，並透過設計數據（3DA模型）此一形式來明確定義而成。以上游工程中定義的設計數據為基準，並將其變更為可在下游各工程中做有效運用的個別數據，所有數據皆為相關聯的3D DTPD管理資訊。由於做為實際製造業工程的展現，故筆者認為工業4.0（Industry 4.0）或物聯網等亦可歸類為設計意圖的一種。

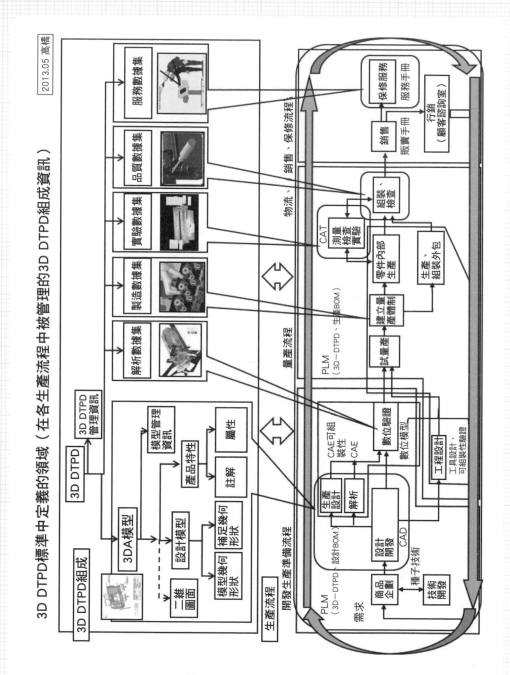

▲圖 1.3.3 生產流程與 3D DTPD

16

目前此標準在日本已發行JIS B 0060-1、2、3、4、5、6、7，汽車工業協會及電子、精密儀器業界正在研議後續相關新標準，並預計於2020至2021年間依序發行3D圖面相關的JIS規格（編按：2022年5月20日發行至JIS B 0060-10）。如有機會，再針對內容詳細解說。

如何將預計之後發行的JIS B 0060系列標準推廣至日本產業界，乃是今後的重要課題。

1-4 產學合作的意義

日本在文部省（類似我國教育部）協助下，推動了產學合作以及產官學合作事業，並採取了許多措施，然而在設計領域上並無太多著墨。產業界具備製造業的現場經驗與經營上的訣竅；而大學及高等專門學校則是專業的研究機構，擁有許多具備創意的人才。產業界與學界攜手合作，發揮各自專長進行研究開發並開創新事業，此為一般所說的產學合作。據說歐洲的大學教授大多數具備企業經歷，但日本大學中具備企業經歷的教授則是少數。為了讓學生在大學畢業進入企業後能夠及早投入實戰並一展長才，產業界必須更加積極地提供協助，讓製造業的現場經驗及經營訣竅能夠融入大學教育中。

本書介紹的3D圖面是使用幾何公差的圖面，今後的設計者有必要學會。幾何公差圖面在日本的大學課程中尚未正式引進，但在歐洲主要國家及美國等國的產業界中已成為主流設計圖面，日本企業也正努力逐步引進中。為了讓日本製造業界更加繁榮，使用新圖面（3D圖面）設計手法的相關產學合作是不可或缺的。

日本產業界目前已大幅改變方針，由過去以尺寸公差為主體的2D圖面，轉變成可活用3D數據以幾何公差為中心的3D設計。這些改動不僅可培養產業界優秀人才，更可期待對3D設計有所啟發及教育成果。

本書的內容，例如開發初期階段與相關部門的協調、事前調查、決定設計階段、設計進度等，以及使用幾何公差設計為基礎的3D製圖案例等所謂設計工程的事項，這些在業內雖為常識，但市面上鮮有書籍整理成冊，故筆者將針對前列事項詳細介紹。

　　這些資料如能提供日本產業界，特別是讓機械設計者與技師稍事參考之用，對筆者而言將是莫大榮幸。

第 **2** 章

機械設計的基礎

　　機械製圖、各種解析工具及CAD軟體操作等基礎，都是在大學與高等專門學校中已經學過的知識。然而做為一名機械技師，未來需要何種技能與知識，相信不少人為此感到不安。有鑑於此，筆者在本章說明的焦點，將以大學及高等專門學校裡學不到的企業工作內容為主，讓讀者能夠理解現今日本產業界所要求的製造業人才，特別是機械設計師應具備的能力。

　　企業的設計工作，尤其是自己負責的設計內容總是伴隨著責任。但相對地，它也是一份透過設計出新產品並使其問世，即可從中獲得貢獻社會等成就感的工作。

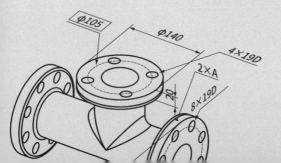

2-① 所謂的設計

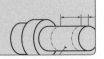

廣義上的設計可定義為：「在一項製造或工程中，按其目的，針對工程、用地、材料及構造等各事項擬定計畫，並以圖面或其他方法明記之」（引用自廣辭苑）。

所謂的設計者，一般而言，並非指進行零件加工組裝者，而是指能夠將想製造的東西，透過圖面及說明書等做出明確定義的專業技術人士。

過去也有一些設計者會自己設計並實際進行製造，但隨著設計愈來愈複雜、規模愈來愈龐大，也愈加推進了業務的分工化，如今的設計者已經不會親自進行製造。

設計是製造一個物品時最初的行為，設計者的想法將大幅影響被製造物的本質，這點從古至今都未曾改變。

設計兩字說來簡單，但根據設計對象的不同，要定義的內容也會隨之改變。設計者並非所有物品都能設計出來。設計時需要具備各種必要的知識，也需要事前準備。根據製造物品的不同，又分為好幾種不同類型的設計。

一般常聽到的設計，主要有以下種類。

例：都市設計、景觀設計、建築設計、造船設計、航空器設計、汽車設計、家電產品設計等。

2-② 電子、精密儀器業界中的設計

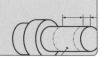

設計的一般定義是，為了將人類所要求的功能實際化為電子、精密儀器企業的販售產品，而訂定出可製造標準（包含圖表在內的設計文件）及

▲圖2.2.1 光學產品範例
（引用自日本佳能股份有限公司網站）

設計圖、設計書等行為。

　　電子、精密儀器企業的產品中，主要可概分為家電產品、辦公室設備產品、光學產品、資訊系統等；而主要用於組成產品的物件，則有機械零件、電路板、電子零件、光學零件、化學物及產品軟體等許多種類（參照**圖2.2.1**）。

　　汽車、飛機、造船、工具機、測量儀器等雖然構造類似，但組成零件的數量、大小、重量、材料、精密度、運動速度、使用環境等大不相同，在設計中定義的內容也大不相同（參照**圖2.2.2**）。

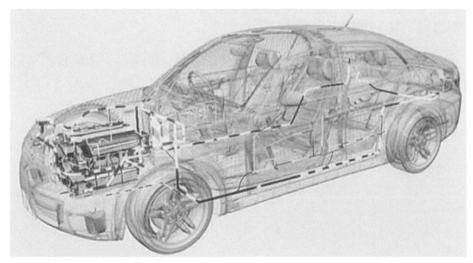

▲**圖2.2.2 汽車範例**（引用自一般社團法人 日本汽車零件工業協會網站）

2-③ 沿用設計與新設計

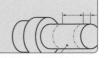

設計大致可分為兩類。一類是產品規格及零件等已經存在，並繼續沿用的「沿用設計」；一類是過去不曾有過類似產品及零件的設計，需要從頭開始設計的「新設計」。

新產品發表會中常有新型相機的介紹，通常屬於相機分類中的類似產品，一般多指沿用設計。而新設計指的則是過去不曾有過類似產品的設計。

設計者過去有沒有做過類似設計、或有無設計經驗，不僅會大幅影響設計內容，更會影響設計時間。可能也會有人認為，設計只需要製作模型與圖面即可；但其實設計這項工作，在製作模型與圖面之前還需要進行各種準備。

具體而言，根據新設計的產品要打入何種市場，要做的準備也會有所不同。產品當然必須是當地市場所能接受的產品，此外還需要進行各種調查，例如產品能否進行製造和販售，以及在進行製造販售的國家中，產品是否符合該國的標準及法規等。

2-3-1 主要國際標準調查

所有的標準中，以各國通用的國際標準為最高層級，其分類如圖2.3.1所示，主要分為四個層級。

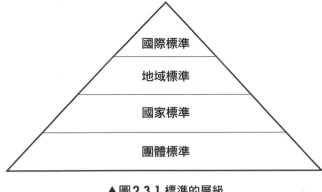

▲圖2.3.1 標準的層級

　　地域標準、國家標準、團體標準，基本上皆以國際標準為基準，並致力於標準統一。

　　ISO（International Organization for Standardization，國際標準化組織）標準，是除了電機、電子技術及相關技術以外，與所有產業領域（礦業、工業、農業、醫藥品等）皆有相關的國際標準。

　　ISO為各國團體於1947年所成立，其宗旨為「致力於世界標準化作業及其相關活動的發展與開發，降低國際間物質與服務的交流門檻，以促進在知識、科學、技術及經濟方面的國際合作」。

　　而IEC（International Electrotechnical Commission，國際電工委員會）標準則是規定了電機、電子技術及相關技術標準的國際標準。1906年的倫敦會議由13國代表，以「避免與ISO重複，特別是以電機、電子工程技術及相關技術方面的術語與符號、設計與製造、測量與評定、信賴性、安全性、環境友善等為對象，致力於世界標準化作業及其相關活動的發展與開發」為宗旨而成立。

　　透過ISO及IEC等國際標準的相互搭配使用，如今已足堪應付擬設計的產品。身為一名設計者，在設計前有必要充分理解安全相關標準等內容。

　　在此建議讀者，可先將ISO12100、ISO13849-1、ISO14121、IEC60204-1等標準閱讀過一遍。

2-3-2 其他調查

對一名機械設計者而言，設計上除了產品的安全之外，圖面標示、環境友善、危害物質管制等各方面的考量亦十分重要。而分別相對應的個別標準，會於其他章節中詳細說明。

除此之外，設計的產品有無侵害到其他公司專利權等專利調查與應對，以及設計產品的新技術相關專利申請作業等，對一名設計者而言尤其重要。

由於在設計類似產品時也同樣需要進行調查，因此調查中獲得的資訊，也可用於進行新設計時調查內容的確認，有助於節省設計時間。

2-3-3 沿用設計

電子、精密儀器業界中所說的沿用設計，多指市面上既有的公司產品的新機種設計。

一般而言，沿用設計相較於推出一項產品所需要花費的時間、費用及勞力較少。但現狀是產品需要打入競爭市場，因此對產品功能、易用性、成本等相關市場要求較高，市場競爭激烈。不同產品的市場規模也不同，一般普遍認為只有營業額居於前1到3名的公司能夠獲利。對設計者而言，儘管是沿用設計，但也絕對稱不上輕鬆，還需要仔細考量到功能、成本等因素。

關於商店販售的各類產品，顧客是如何針對實際購買行為設定選擇基準呢？一般而言，若產品價格及功能皆相同，會選擇有品牌印象的優良產品。

雖說即便產品功能相同，也會有顧客選擇價格較高但品牌印象較佳的產品；但整體而言，產品的市售價格愈便宜，就愈能安心投入市場。

從前輩們手上繼承品牌印象並做出讓品牌印象再進化的設計，是沿用設計者必須具備的能力。

【參考】

市售價格，通常是根據產品直到上架販售前所花費的製造成本與行銷費用等總費用，再加上營業利益後做決定。製造成本含開發費（設計、試

作）、材料費、加工組裝費與其他費用等；行銷費用包含行銷開支、維修保養費用、廣告宣傳費用等。

以下為使用沿用設計的產品範例。

例：液晶電視、電腦、輕便相機等

設計時需要特別注重的考量因素，有市場進入時機、價格、功能、操作性等。沿用設計必須考量以下幾點，並於開始設計前事先設定好達成目標。

- 縮短開發期間
- 減少開發費用
- 提高產品品質
- 提高產品易用性
- 提高產品功能完整度

2-3-4 新設計

新設計指的是能夠實現市面上尚未存在的功能的產品設計，尤其在電子、精密儀器業界中，經常可見為了開闢新市場而設立新事業部，來進行新產品的開發與設計。也有些企業在進行產品型號的大幅改動時會將其視為新產品設計。

新設計是要將新產品打入市場，因此，產品功能與市場需求是否一致更顯重要。一般而言，要推出一項產品需要花費時間、開發費用與勞力，但只要產品功能符合市場需求，便可期待獲利。產品進入市場的時機與市場需求是否相符，將會影響營業額及利益，因此決定產品功能的設計規格乃是重中之重。

若非經驗豐富的設計者，往往無法勝任新設計。新設計可說是考驗了設計者對產品開發的熱情與毅力。

開發新產品時常會遇到許多法律、環保法規等傳統經驗無法解決的問題，因此，需要具備豐富的知識與應對能力。對公司而言，由於早期投資金額龐大，故需透過取得產品相關專利，來保障產品在一定期間內的權利。

此外，在產品開發過程中經常會發生以往不曾遇到過的問題，因此，開發時除了腳踏實地還需要有背水一戰的決心。最近除了以實際機台進行試作驗證之外，還會透過3D數據的運用進行數位驗證，以期能夠有效率地實施開發階段中的驗證，這種方法已成為現今主流。設計者親自實施驗證實驗當然很重要，但與相關部門建立信賴關係、建立能夠彼此協助的體制，也是不可或缺的。

產品開發是一項以設計者為中心，由團隊共同打造出產品的工程。設計師以莊重嚴謹的態度建構出值得信賴的團隊，這點可說是讓設計成功的重要關鍵。

以下為實施新設計時的諸多事前審視範例（包含長期開發期間、專利策略等）。在著手設計前有必要針對以下審視項目事先擬定達成目標。

- 市場調查（市面上類似產品、顧客需求）
- 專利調查（自家公司與其他公司，特別是自家公司的取得專利）
- 法規調查（產地及販售地特有法規、出口管制）
- 技術課題調查（實現技術的優勢、生產技術）
- 產地調查（原料採購、零件採購）

3D圖面與
幾何公差

　　1990年代後期，日本產業界引進了3D CAD軟體，一方面由於模型易於辨識形狀，因此以模型為基礎的設計逐漸成為主流。而近年來，設計成品也由傳統以尺寸公差進行定義的2D圖面，逐步轉變為以幾何公差進行定義的3D圖面。

　　這項轉變，不僅是為了將原本定義及解釋模稜兩可的尺寸公差指示改為能夠正確定義設計意圖的幾何公差指示，更可在後期工程的自動加工、自動檢測等生產效率方面發揮許多作用。今後若要在日本產業界推廣以幾何公差為基礎的3D圖面，不僅是從年輕技師的教育開始，亦有必要推動以產業界為主體的產官學合作。

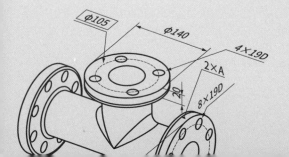

3-1 3D圖面
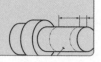

3-1-1 JIS B 0060規格集

如同本書〈1-3 3D圖面與JIS規格〉所述,日本產業界於2015年起開發了以ISO 16792（Technical product documentation-Digital product definition data practices）為參考基礎的JIS B 0060系列規格。

今後想要引進3D圖面的企業,特別是機械技師及技術類的學生,筆者在此推薦可詳閱下列已發行的JIS規格。下列為至今已發行的3D圖面相關JIS規格,第1部至第7部為公開資訊。此外,本系列規格預計制定至第10部。下列第8部至第10部目前（2020年本書執筆時[2]）僅為草案,望讀者理解。

【JIS B 0060 數位產品技術文件資訊規格集的組成】

JIS B 0060-1 第1部：總則

JIS B 0060-2 第2部：術語

JIS B 0060-3 第3部：3DA模型中設計模型的展示方法

JIS B 0060-4 第4部：3DA模型中註解的指示方法－尺寸及公差

JIS B 0060-5 第5部：3DA模型中幾何公差的指示方法

JIS B 0060-6 第6部：3DA模型中焊接的指示方法

JIS B 0060-7 第7部：3DA模型中表面狀態的指示方法

JIS B 0060-8 第8部：3DA模型中屬性的指示方法（預定）

JIS B 0060-9 第9部：DTPD及3DA模型中的一般事項（預定）

JIS B 0060-10 第10部：組裝3DA模型的展示方法（預定）

---

[2] JIS B 0060-8 第8部及JIS B 0060-9 第9部皆於2021年3月22日發行、JIS B 0060-10 第10部於2022年5月20日發行。

在JIS B 0060：數位產品技術文件資訊系列中，針對3D圖面的定義與繪製3D圖面時各種方法做了標準化規範。本章節中，特別以繪製3D圖面時必要的標準內容「JIS B 0060-3 第3部：3DA模型中設計模型的展示方法」、「JIS B 0060-4 第4部：3DA模型中註解的指示方法－尺寸及公差」、「JIS B 0060-5 第5部：3DA模型中幾何公差的指示方法」為基礎做解說。

這裡使用的術語，請參考「JIS B 0060-2 第2部：術語」。

3-1-2 三維產品資訊附加模型

有關三維產品資訊附加模型（3D annotated model），在JIS B 0060-2 第2部：術語中定義如下：「針對使用三維CAD軟體繪製而成的設計模型（參照JIS B 0060-2之3.3），加入產品特性（註解及／或屬性）、二維圖面與模型管理資訊（參照JIS B 0060-2之3.7）等元素的模型。」

3-1-3 座標系統與比例

3D圖面的3D顯示方式雖然基本上以JIS Z 8310中的「三維」製圖為準，但設計模型需要設定一個以上由直角座標軸組成的右手座標系統（X,Y,Z）。而顯示比例則以實物尺寸為準，不需要特別設定設計模型及其儲存視圖的顯示比例（參照圖3.1.1）。

座標系統是將繪製的設計模型位置固定在三維空間中的系統，其特徵為可藉由幾何學上的原點以及原點對應的X座標、Y座標、Z座標來定義設計模型的位置。透過座標系統，可設定工具機或測量儀器等機械的移動資訊及角度資訊等數據，並可將數據運用於加工、測量等後期工程中。

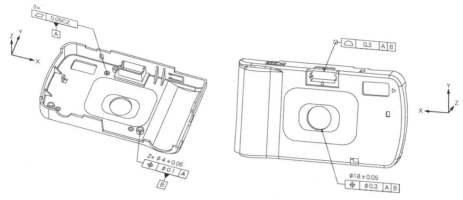

（a）座標系統與基準參考範例　　　　（b）輪廓度與位置指示範例

▲圖3.1.1 三維產品資訊附加模型的顯示範例
（引用自JIS B 0060-1：附件B 的圖B.1）

3-1-4 註解與註解面

（1）註解（Annotation）

　　註解，在JIS B 0060-2的3.10中有以下定義：「3D圖面中的註解，指與設計模型（參照JIS B 0060-2的3.4）關聯顯示的設計要求事項，並使用註解面（參照JIS B 0060-2的3.12）將設計要求事項標記於設計模型上」。過去2D圖面中與形狀關聯的標記，如尺寸、公差、表面狀態、熱處理、焊接等即為註解。

（2）註解面（Annotation plane）

　　註解面，在JIS B 0060-2的3.12中有以下定義：「3D圖面中的註解面，指將註解與設計模型相關聯並做設計要求指示的抽象平面，實際上並不存在」。主要有以下特徵。

(a) 註解面如**圖3.1.2**所示，基本上是一個與3D模型原點對應的X座標、Y座標、Z座標平行的面，但也可能與X座標、Y座標、Z座標不平行。註解面可自由設定隨意方向，配置註解面時需要注意，勿使記載面中記載的註解彼此重疊導致難以判讀。

(b) 註解面中的註解，可使用尺度線、尺度界線、指引線等功能，對註解與設計模型的關聯性進行指示。

(c) 註解面中的註解顏色雖然沒有特別指定，但注意必須與周圍有明確的區別。

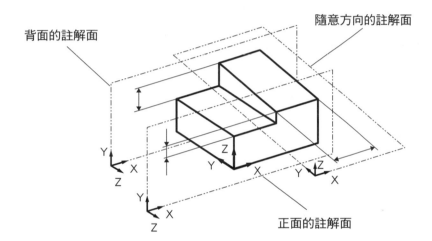

▲圖**3.1.2** 註解面範例
（引用自JIS B 0060-4之5註解及註解面的圖1）

3-1-5 線

在JIS B 0060-3中定義如下：「3DA模型中所使用的線，根據用途可適用**表3.1.1**」。

▼表3.1.1 3DA模型中所使用的線（引用自JIS B 0060-3之4.4.2的表1）

線的用途及名稱	線的種類	
用於表示設計模型可見部分形狀的線。輪廓線。	粗實線	▬▬▬▬▬▬
用於標註尺寸的線。尺度線[a]。	細實線	─────────
為了標註尺寸，從設計模型輪廓線中拉出的線。尺度界線[a]。		
為表示文字說明、符號等，從設計模型的輪廓、尺度線等處拉出的線。指引線（含連字線）[a]。		
線的特徵本身看不見，而用於表示面與面之間相切的線。相切邊緣[b]。		
表示方向時用於補足說明的線。	細虛線	--------------
用於表示設計模型不可見部分形狀的線。隱藏線。	一點細鏈線	──·──·──
用於表示特徵中心的線。中心線。		
用於表示中心移動時的中心軌跡。	二點細鏈線	──··──··──
用於表示識別區域的線。		
表示基準目標區域的線。		
備註：a. 註解中使用的線。 　　　b. 在不同的3D CAD軟體中亦稱為圓滑邊緣。		

此外，指引線是參考了尺寸、物件、輪廓線等元素的線，指引線的末端在JIS B 0060-3中定義如下（以下引用自JIS B 0060-3的4.4.3）。

— 從目標物件的輪廓外形（表面）中拉出指引線時，於指引線末端加上實心的圓（參照**圖3.1.3**）。

— 從補足幾何形狀（例如中心線等）及／或從尺度界線中拉出指引線時，於指引線末端加入呈30°的實心箭頭。

— 從目標物件輪廓外形的輪廓線中拉出指引線時，於末端加上呈 30°的實心箭頭（參照**圖3.1.4**）。

— 從尺度線中拉出指引線時，不於末端加上實心的圓及呈30°的實心箭頭。

— 實心的圓及呈30°的實心箭頭的顏色，應與指引線顏色相同。此外，實心的圓及呈30°的實心箭頭的尺寸，依JIS Z 8317-1辦理。

備註：依照指示的面的狀態有所不同，圓可能有一半被設置於表面下方，且依照儲存視圖的視角方向不同，圓（或半圓）有可能無法完整顯示。

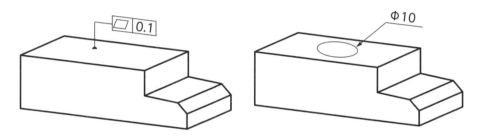

▲**圖3.1.3** 實心的圓使用範例　　▲**圖3.1.4** 呈 **30°**的實心箭頭的使用範例

（圖3.1.3、圖3.1.4的圖為本書原創）

3-1-6 剖面

關於設計模型的剖面顯示，由於目前不同CAD系統的剖面表達方式尚未統一，故沒有特別規定。這裡介紹JIS B 0060-3 附件A（參考）中記載的剖面表達方法：如有對剖面進行指示的必要，則於想要顯示的剖面位置中製作切面，並製作該切面的儲存視圖（參照**圖3.1.5**）。

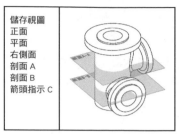

▲圖3.1.5 剖面表達方式範例（引用自JIS B 0060-3之附件A的圖A.1）

3-1-7 區域指定

　　不同的CAD系統，區域指示的功能有所不同，使用上並未統一，還有檢討空間。舉例而言，可在特徵表面上以二點細鏈線來做出區別範圍（參照圖3.1.6、圖3.1.7）。

　　以下舉例介紹製作區域的方法。

- 將特徵表面做面分割。
- 在特徵表面透過手繪等方式製作一個新的面，並將其視為指定區域。

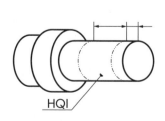

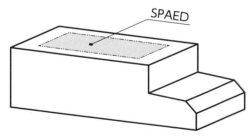

▲圖3.1.6 圓柱體表面的指示範例　　▲圖3.1.7 平面上的指示範例

3-1-8 尺寸與公差的表示方法

　　這裡說明的尺寸與公差的表示方法以JIS B 0001為基礎，並介紹JIS B 0060-4定義的3D圖面特有的表示方法中的一部分內容。

（1）尺寸的標註方法

　　①尺寸及公差等註解，與尺度線、尺度界線、尺寸輔助符號一起置於註解面上。

　　②尺寸、公差、尺度線、尺度界線、尺寸輔助符號等，配置於設計模型外（若置於模型內部，將導致彼此重疊難以解讀）。

　　③附公差的尺寸直接指示於設計模型中，不透過註記等方式進行指示。

　　④由於設計模型的形狀本身已自帶尺寸，未指示尺寸的地方可由設計模型中取得，並適用普通尺寸公差。此時無法整除的數值，以四捨五入取至適當有效位數。

　　⑤定義設計模型時，其相關尺寸統一標註於同一個註解面中。

　　⑥關於圓弧尺寸，180°以內的圓弧與超過180°的圓弧，標示方法不同。180°以內的圓弧以半徑標示（參照**圖3.1.8**）、超過180°的圓弧則以直徑標示（參照**圖3.1.9**、**圖3.1.10**）。

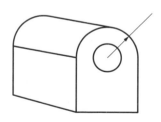

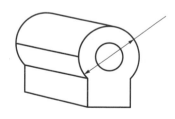

▲圖3.1.8 圓弧未達180°時的範例　　　▲圖3.1.9 圓弧超過180°時的範例

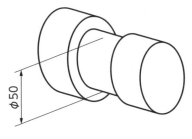

▲圖3.1.10 指示直徑尺寸的範例

⑦ 標記理論正確尺寸（TED：theoretically exact dimension）時，可用四角框一起將尺寸數字與尺寸輔助符號框起，或僅框起尺寸數字。惟同一個3DA模型中兩種方法不可混用。

⑧ 關於中心點與中心線，僅於有必要指示其尺寸時做指示（參照**圖3.1.11**）。

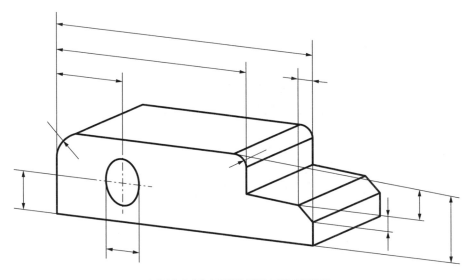

▲圖3.1.11 尺度界線及尺度線範例

（2）尺度界線的標註方法

① 尺度界線置於註解面內進行指示。此時，尺度界線可由整體特徵以及與整體特徵相關聯的補足幾何形狀中拉出，或由導出特徵的

中心線中拉出。尺度界線與尺度線垂直，並延長至略微超過尺度線（參照圖**3.1.11**、圖**3.1.12**）。

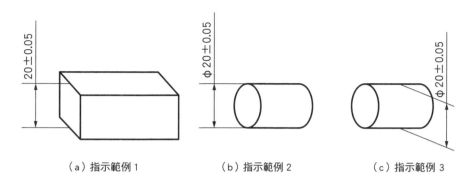

（a）指示範例1　　　　（b）指示範例2　　　　（c）指示範例3

▲圖**3.1.12** 尺度界線及尺度線範例

② 彼此相關的多個位置尺寸，置於同一個註解面中（參照圖**3.1.13**）。

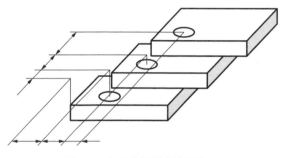

▲圖**3.1.13** 尺度界線折角範例

（3）尺度線的標註方法

本節針對JIS B 0060-4定義的內容中經常使用的尺度線標註方法做介紹。

① 指示長度、角度的尺度線，依照以下方法標註。

指示弦長（**圖3.1.14（a）**）、圓弧長（**圖3.1.14（b）**）、角度尺寸（**圖3.1.14(c)**）時，於尺度線兩端加上末端符號（**圖3.1.15**）。惟3D CAD軟體的功能不同，有可能無法進行指示，必須先行確認。

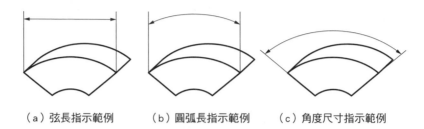

（a）弦長指示範例　　（b）圓弧長指示範例　　（c）角度尺寸指示範例

▲**圖3.1.14 弦、圓弧、角度尺寸指示範例**

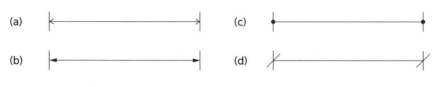

▲**圖3.1.15 末端符號範例**

② 以尺度線指示角度尺寸時，針對兩平面特徵所形成的夾角，或相對的圓錐表面所構成的角度進行指示（參照**圖3.1.16**）。

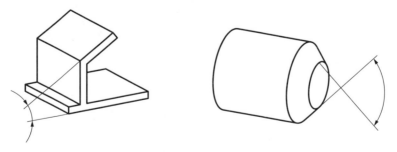

▲**圖3.1.16 角度尺寸的尺度線範例**（引用自JIS B 0060-4之6.3的圖15）

③ 標註有高低差的特徵之間的尺寸時，主要有以下兩種方法（參照圖**3.1.17**）。

- 透過連續尺度標註法進行指示的方法。
- 透過以一端為起點的累進尺度標註法進行指示的方法。

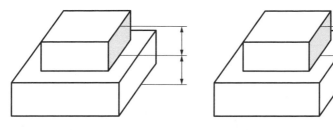

（a）連續尺度標註法指示範例　　（b）累進尺度標註法指示範例

▲圖**3.1.17** 連續尺度標註法與累進尺度標註法指示範例

（**4**）尺寸數字的標註方法

以下為JIS B 0060-4定義中經常使用的標註方法。

① 標註長度尺寸時，於尺度線的約莫中央略高處進行指示（參照圖**3.1.18**）。

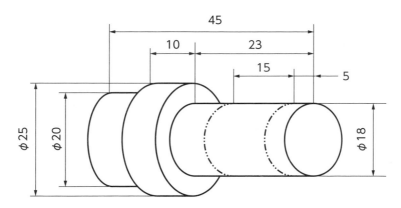

▲圖**3.1.18** 於水平方向、垂直方向指示尺寸數字的範例

② 為避免圖面指示的尺寸數字難以解讀，標註尺寸數字時注意應與尺度線錯開（參照圖3.1.19）。

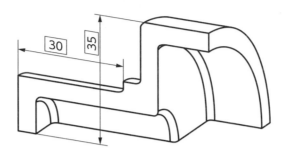

▲圖3.1.19 標註尺寸數字時與尺度線錯開的範例
（引用自JIS B 0060-4之6.4的圖27）

③ 標註形狀相同而尺寸不同的類似零件時，可使用文字符號代替尺寸數字，尺寸數字則另外製表標註，亦可標註於屬性（參照JIS B 0060-2之3.11）中（參照圖3.1.20、圖3.1.21）。同時，設計模型以另外建立的尺寸數字中記載的文字符號做標註。

符號	零件編號		
	1	2	3
L_1	1915	2500	3115
L_2	2085	1500	885

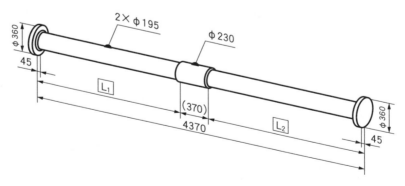

▲圖3.1.20 使用文字符號代替尺寸數字的表示範例
（引用自JIS B 0060-4之6.4 的圖30）

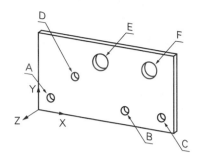

（a）文字符號的指示範例

	X	Y	Z	φ
A	20	20	0	13.5
B	140	20	0	13.5
C	200	20	0	13.5
D	60	60	0	13.5
E	100	90	0	26
F	180	90	0	26

（b）表列的指示範例2

▲圖3.1.21 正座標尺寸標註範例
（引用自JIS B 0060-4之6.5.4的圖40）

④ 依照以下方法做半徑的指示（參照圖**3.1.22**）。

指示半徑時，將半徑的尺寸輔助符號R（radius）置於尺寸數字之前，符號與尺寸數字的字型大小相同。

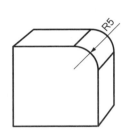

（a）以箭頭指示的範例

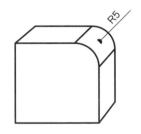

（b）以實心圓指示的範例

▲圖3.1.22 半徑指示範例

⑤ 依照以下方法做直徑的指示（參照**圖3.1.23**）。

指示直徑時，將直徑的尺寸輔助符號 φ（希臘字母Phi）置於尺寸數字之前，符號與尺寸數字的字型大小相同。

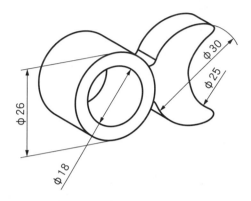

（a）圓弧及完整圓的尺寸數字標註範例

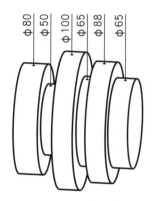

（b）直徑各異的圓柱體相連時的圓柱體尺寸數字標註範例

▲圖3.1.23 直徑尺寸標註範例
（引用自JIS B 0060-4之6.6.3的圖48、圖52）

⑥ 依照以下方法做大角度圓弧的指示。

大角度圓弧的尺度界線指示方法與圓弧相同。惟其尺度線做為圓弧同心的弧線，將尺寸輔助符號「⌒」（圓弧長度）置於圓弧的尺寸數字之前（參照**圖3.1.24**）。此外，若圓弧的導出特徵為中心線（Center Line）時，則於尺寸數字之後加註〔CL〕。

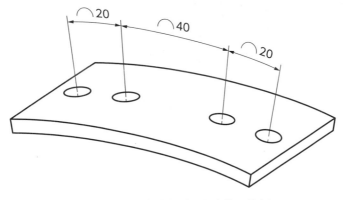

▲圖3.1.24 連續圓弧的長度指示範例
（引用自JIS B 0060-4之6.6.6的圖60）

⑦ 依照以下方法做沉頭孔、深沉頭孔的指示。

在有做沉頭孔加工的孔直徑尺寸（**圖3.1.25**範例中為 ϕ 9D）後面，加上表示沉頭孔的尺寸輔助符號「⌴」。接著，將沉頭孔入口處的直徑尺寸（**圖3.1.25**範例中為 ϕ 14）置於軸線上，或置於與沉頭孔輪廓相關聯的指引線上以做指示（參照**圖3.1.25**）。此外，如需指示沉頭孔的孔深，於「▽」符號之後標註孔深數字。

深沉頭孔的指示方法與沉孔相同。

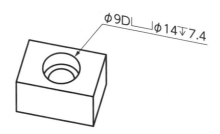

▲圖3.1.25 深沉頭孔指示範例
（引用自JIS B 0060-4之6.7的圖75）

⑧ 依照以下方法做埋頭孔的指示。

埋頭孔的指示方法為，在埋頭孔的直徑尺寸（**圖3.1.26**範例中為 φ9D）後面，加上表示埋頭孔的尺寸輔助符號「╲╱」。接著，將埋頭孔入口處的直徑尺寸（**圖3.1.26**範例中為 φ14）置於中心軸上，或置於與埋頭孔輪廓相關聯的指引線上（參照**圖3.1.26**）。

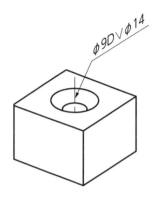

▲**圖3.1.26 埋頭孔指示範例**
（引用自JIS B 0060-4之6.7的圖76）

⑨ 依照以下方法做斜度與錐度的指示。

以JIS B 0028為基準，斜度與錐度的指示方法如下。

指示斜度時，從特徵的輪廓中拉出一條水平指引線，將斜度圖示

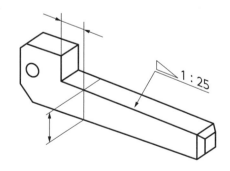

▲**圖3.1.27 斜度表示範例**
（引用自JIS B 0060-4之6.8.7的圖91）

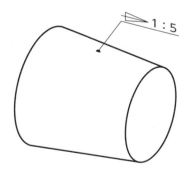

▲**圖3.1.28 錐度表示範例**
（引用自JIS B 0060-4之6.8.8的圖92）

44

「◁」置於指引線上方，並讓圖示與特徵斜度方向一致（參照**圖 3.1.27**）。

　指示錐度時，從特徵的輪廓中拉出一條水平指引線，將錐度圖示「—▷」置於指引線上方，使箭頭中心線與指引線呈水平。若需要指示錐度比（**圖3.1.28**範例中為1：5）及方向時，讓圖示「—▷」與錐度方向一致（參照**圖3.1.28**）。

⑩ 對限定位置與範圍內的註解做指示的方法。

　於整體特徵的限定區域中畫出補足幾何形狀，並與註解相關聯（參照**圖3.1.29**）。此時，為了明確定出補足幾何形狀的位置與範圍，必須使用理論正確尺寸（TED）做指示。

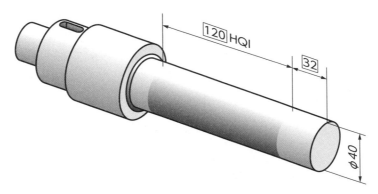

▲**圖 3.1.29 對位置與範圍進行限定指示的範例**
（引用自JIS B 0060-4之6.10的圖96）

⑪ 表示相同形狀的尺寸時。

　同一3D模型中相同的形狀，僅需於一處標註尺寸（參照**圖3.1.30**）。附圖範例中左和右為形狀相同的法蘭，僅需於其中一邊標註尺寸。

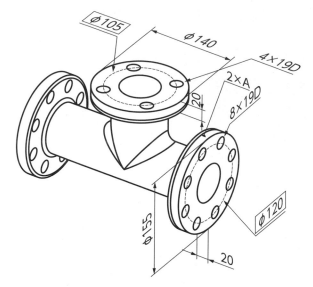

▲圖 3.1.30 相同形狀的尺寸指示範例
（引用自JIS B 0060-4之6.12的圖97）

⑫ 依照以下方法表示輪廓圖的尺寸。

指示輪廓圖的尺寸時，需要對輪廓的大小（水平方向、垂直方向、深度方向與高度方向的尺寸）及組裝上必要的尺寸做指示（參照**圖3.1.31**）。

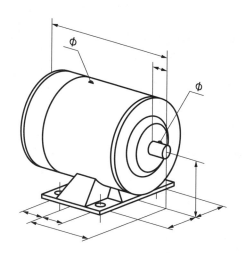

▲圖 3.1.31 輪廓尺寸指示範例
（引用自JIS B 0060-4之7的圖99）

3-② 幾何公差

2016年發行了「JIS B 0640-1 產品的幾何特性規格（GPS）—尺寸的公差表示方式—第1部：長度相關尺寸」之後，日本也開始將「尺寸」明確區分為「尺寸公差」與「幾何公差」。此規格在過去ISO中便已標準化，於歐美產業界中被普遍使用。但幾何公差在日本產業界中才剛起步，正式使用的企業仍然不多。直至近年，尤其是對有意進行海外生產的企業而言，已經無法再漠視國際規範，符合國際規範的圖面變得愈加重要，產業界也因此加緊腳步引進幾何公差。

在國際會議上也正式展開各種行動來推廣以幾何公差為準的3D圖面，3D CAD系統端也開始逐步提供相關服務。

最近也有許多幾何公差相關的專業書籍出版，今後想要從事設計工作的技師，筆者建議需要熟讀幾何公差相關的專業書籍並仔細學習內容。本章節針對初次使用幾何公差的設計者，特別挑選出需要讀懂3D圖面所需具備的基礎內容，以及基準、形狀公差、位置、方向公差等做解說。

3-2-1 特徵

在ISO14660「Geometrical Product Specifications（GPS）—Geometrical featues」與JIS B 0021「產品的幾何特性規格（GPS）—幾何公差表示方式—形狀、定向、位置及偏轉等公差之表示方式」中，有針對特徵做規範。

特徵分為整體特徵與導出特徵。整體特徵為現實中存在的特徵，指長方體及圓柱體外圍表面、孔、溝、螺紋、倒角部分等；導出特徵則為現實中不存在的特徵，指由整體特徵中衍生出的長方體及圓柱體的軸線與中心線等（參照**圖3.2.1**）。定義上述特徵的公差區域，即為幾何公差。

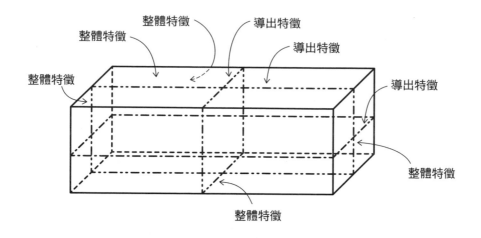

整體特徵　整體特徵　導出特徵　導出特徵

整體特徵

導出特徵

整體特徵

整體特徵

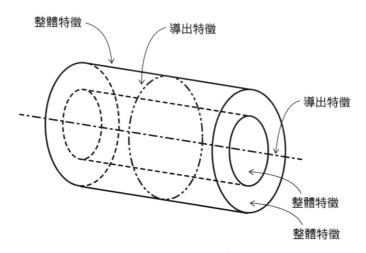

整體特徵　導出特徵

導出特徵

整體特徵

整體特徵

▲圖3.2.1 特徵

3-2-2 理論正確尺寸

　　在JIS Z 8114：1999-製圖-製圖術語中，針對理論正確尺寸（TED）做以下定義：「使用幾何公差（輪廓度、位置度、輪廓度及傾斜度的公差）對特徵的位置或方向做指示時，決定其理論上的輪廓、位置或方向並定為基準的正確尺寸」。

　　指示理論正確尺寸（以下簡稱TED）時，以四角框將尺寸圍住做指示，如圖**3.2.2**所示。

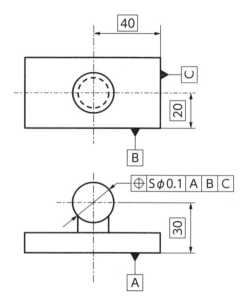

▲圖 **3.2.2 TED** 指示範例

3-2-3 幾何公差符號的種類與定義

　　設計者會使用幾何公差來定義目標物件的幾何學特性。幾何公差的種類，有形狀公差、方向公差、位置公差、偏轉公差等4種公差，4種公差又可細分為真直度、真平度、真圓度、圓柱度、曲線輪廓度、曲面輪廓度、平行度、直角度、傾斜度、位置度、同心度、同軸度、對稱度、圓偏轉度、總偏轉度等，如**表3.2.1**所示共有19種幾何公差。種類雖然看似繁多，但根據設計的物件不同，所使用的幾何公差亦有限，只需要在每次遇到時再來考慮如何應用並慢慢記住即可。如**表3.2.1**所示，形狀公差無需指示基準。

▼表3.2.1 幾何公差符號的種類

公差種類	特性	符號	是否需要基準
形狀公差	真直度	―	否
	真平度	▱	否
	真圓度	○	否
	圓柱度	⌀	否
	曲線輪廓度	⌒	否
	曲面輪廓度	⌓	否
方向公差	平行度	//	是
	直角度	⊥	是
	傾斜度	∠	是
	曲線輪廓度	⌒	是
	曲面輪廓度	⌓	是
位置公差	位置度	⊕	是
	同心度	◎	是
	同軸度	◎	是
	對稱度	=	是
	曲線輪廓度	⌒	是
	曲面輪廓度	⌓	是
偏轉公差	圓偏轉度	↗	是
	總偏轉度	//	是

這裡的形狀公差、方向公差、位置公差之間，存在著形狀公差≦方向公差≦位置公差的關係，可先行記在腦海中。

- **圖3.2.3**為圖面指示範例。

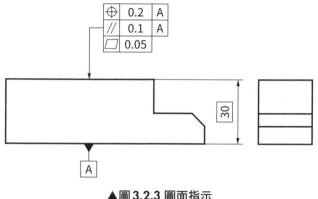

▲圖 3.2.3 圖面指示

- 形狀公差、方向公差、位置公差的公差區域關係如**圖3.2.4**中所示。

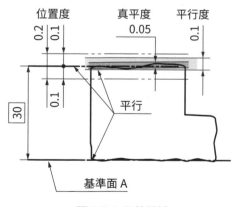

▲圖 3.2.4 公差區域

- 形狀公差≦方向公差≦位置公差的關係如圖**3.2.5**中所示。決定公差時必須注意。

▲圖 3.2.5 形狀公差≦方向公差≦位置公差的關係

3-2-4 基準

在JIS B 0022（「幾何公差的基準」2.術語）中，針對基準（datum）有以下定義：

「指對相關特徵進行幾何公差的指示時，為規範其公差區域而設定的理論正確的幾何學基準。例如，此基準如為點、直線、軸直線、平面及中心平面時，則稱為基準點、基準直線、基準軸直線、基準平面及基準中心平面。」

基準不存在於現實中，如圖**3.2.6**所示，指的是透過使用被測物零件的基準特徵與模擬基準特徵（與被測物零件接觸的平板或軸承等），而獲得的理想基準。

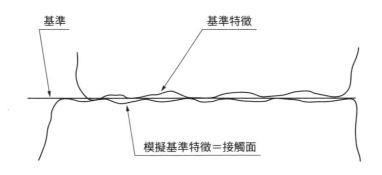

▲圖 3.2.6 基準

基準點的指示方法

- 將圓或球體中心設定為基準時（參照**圖3.2.7**）

於尺度線延伸出去的整體特徵表面加上基準符號，並於延伸線做基準指示。

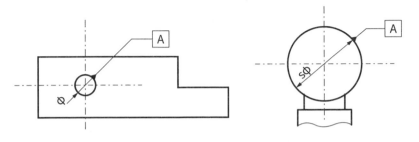

（a）將圓的中心點設為基準的範例　　（b）將球的中心點設為基準的範例

▲圖3.2.7 基準點指示範例

基準軸直線的指示方法

- 將圓柱軸、圓柱孔的軸線設定為基準時（參照**圖3.2.8**）

於尺度線延伸處加上基準符號，並於其延伸線處做基準指示。

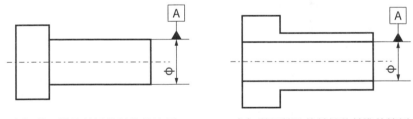

（a）將圓柱的軸設為基準的範例　　（b）將圓柱孔的軸設為基準的範例

▲圖3.2.8 基準軸直線指示範例

基準平面的指示方法

- 將整體特徵設定為基準時（參照**圖3.2.9**）

直接於整體特徵上加上基準符號，並於其延伸線做基準指示。

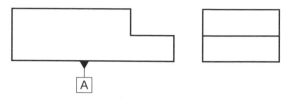

▲圖3.2.9 基準平面指示範例

基準中心平面的指示方法

● 將兩個相對的平行平面的中心面設定為基準時（參照**圖3.2.10**）於尺度線的延伸處加入基準符號，並於其延伸線處做基準指示。

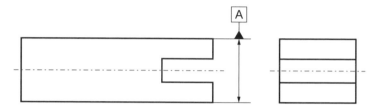

▲圖3.2.10 基準中心平面指示範例

3-2-5 形狀公差

所有特徵都存在形狀公差。形狀公差由真直度、真平度、真圓度、圓柱度、曲線輪廓度、曲面輪廓度組成（參照**表3.2.2**）。

▼表3.2.2 形狀公差

公差種類	符號
真直度	—
真平度	▱
真圓度	○
圓柱度	⌭
曲線輪廓度	⌒
曲面輪廓度	⌓

以下為真直度、真平度、真圓度、圓柱度的指示範例。

真直度的指示方法

- 於整體特徵表面上,垂直拉一條附帶實心圓或呈30°實心箭頭的指引線,並於末端處以特徵控制框做指示。**圖3.2.11**表示真直度落在間隔0.1mm的兩平行直線間的公差區域內。

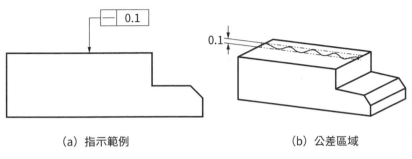

(a) 指示範例　　　　　　　　(b) 公差區域

▲圖3.2.11 真直度指示範例與公差區域

真平度的指示方法

- 於整體特徵表面上,垂直拉一條附帶實心圓或呈30°實心箭頭的指引線,並於末端處以特徵控制框做指示。**圖3.2.12**表示真平度落在間隔0.1mm的兩平行平面間的公差區域內。

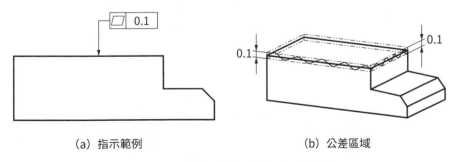

(a) 指示範例　　　　　　　　(b) 公差區域

▲圖3.2.12 真平度指示範例與公差區域

真圓度的指示方法

- 於整體特徵表面上，垂直拉一條附帶實心圓或呈30°實心箭頭的指引線，並於末端處以特徵控制框做指示。**圖3.2.13**表示圓柱指示處的圓的直徑大小落在間隔0.1mm的公差區域內。

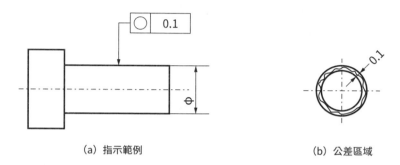

(a) 指示範例   (b) 公差區域

▲**圖3.2.13 真圓度指示範例與公差區域**

圓柱度的指示方法

- 於整體特徵表面上，垂直拉一條附帶實心圓或呈30°實心箭頭的指引線，並於末端處以特徵控制框做指示。**圖3.2.14**表示此圓柱落在同軸的兩個大小圓柱之間所形成的0.1mm空間的公差區域內。

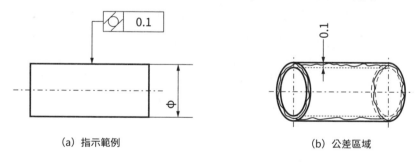

(a) 指示範例   (b) 公差區域

▲**圖3.2.14 圓柱度指示範例與公差區域**

3-2-6 位置度

● 於尺度線延伸處的整體特徵表面上，拉一條附帶實心圓或呈30° 實心箭頭的指引線，並於末端處以特徵控制框做指示。**圖3.2.15**表示球中心的真正位置，與基準A距離TED30、與基準B距離TED20、與基準C起距離TED40，且其位置落在公差區域為直徑0.1mm球的公差區域內。

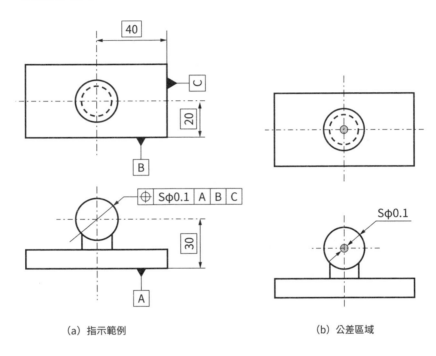

(a) 指示範例   (b) 公差區域

▲圖3.2.15 位置度指示範例與公差區域

3-2-7 曲面輪廓度

● 指示特定曲面區域中輪廓度的方法

首先，指示特定之面區域的起點與終點。**圖3.2.16**表示曲面輪廓度落在從M到N的13個連續特徵對基準A的0.1mm的公差區域內。輪廓度可分為曲面輪廓度與曲線輪廓度，圖中範例為曲面輪廓度。輪廓度是一種可規範形狀、位置、方向的幾何公差。

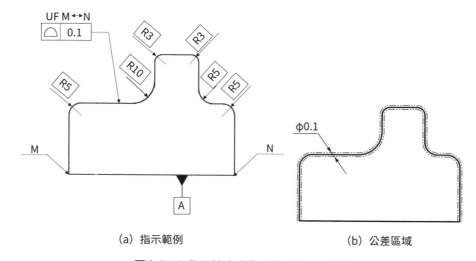

(a) 指示範例　　　　　　　　　(b) 公差區域

▲圖3.2.16 曲面輪廓度指示範例與公差區域

3-2-8 幾何公差的表示方法

● 幾何公差用於設計模型註解面的註解中（參照3-1-4），其指示如**圖3.2.17**。在對模型做多個幾何公差的指示時，為避免造成理解障礙，需要注意讓圖面不論從哪個方向看，顯示的幾何公差都不會彼此重疊。

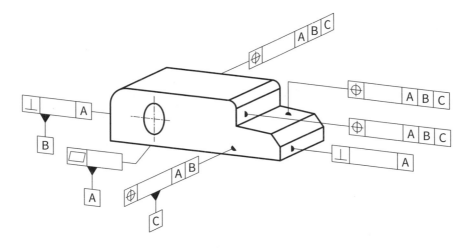

▲圖**3.2.17** 幾何公差表示範例

● 對設計模型進行個別幾何公差指示時

如**圖3.2.18（b）**所示，對設計模型進行個別幾何公差指示時，可省略TED（參照**圖3.2.18**）。

但僅限於TED受到嚴格控制的前提下，方可省略。

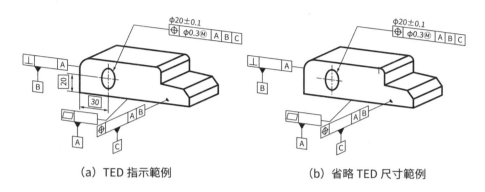

（a）TED 指示範例　　　　　　　（b）省略 TED 尺寸範例

▲圖 3.2.18 TED 指示省略範例

● 在特徵控制框的左右任一邊中拉出附帶黑圓的指示線，並將其連至整體特徵的面進行指示的方法（參照**圖3.2.19**）

此時由於指示線末端的黑圓中心即為指示位置，黑圓會有一半埋在特徵內，故只能看到半圓。

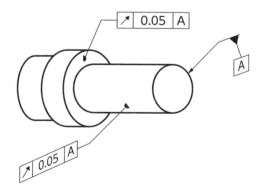

▲圖 3.2.19 對整體特徵指示範例

● 於整體特徵的邊（Edge）、補足幾何形狀、延伸線上指示幾何公差的方法（以真平度、真圓度為例）

於補足幾何形狀或延伸線上指示幾何公差時，不會在尺度線的延伸線上進行指示。JIS B 0060-5中規定：從特徵控制框左右任一邊的末端中央拉出附帶箭頭的指示線，將其與補足幾何形狀或延伸線相關聯以做指示（參照圖**3.2.20**）。

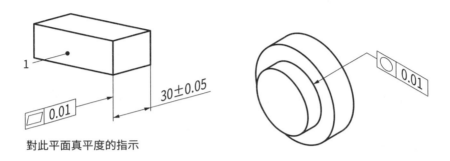

▲圖 **3.2.20** 對整體特徵的邊、補足幾何形狀或延伸線上的指示範例
（引用自JIS B 0060-5之4.3.2的圖8、圖9）

● 對導出特徵的指示方法（以軸的真直度為例）

不同的3D CAD，其指示有所不同，這裡介紹以下兩種方法。

① 在尺寸特徵的尺度線延伸線上，將附帶箭頭的指示線與特徵控制框相關聯以做指示（參照圖**3.2.21**）。

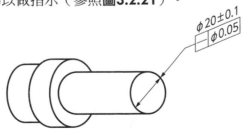

▲圖 **3.2.21** 對導出特徵的指示範例

② 於延伸的尺度線旁填入尺寸特徵的尺寸，並於尺寸下方將其與特
徵控制關相關聯以做指示（參照圖**3.2.22**）。

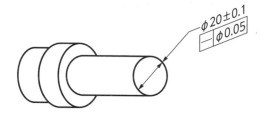

▲圖**3.2.22** 尺寸下方填入特徵控制框以對導出特徵進行指示的範例

● **對特定區域中的連續數個特徵進行指示的方法（以曲面輪廓度為
例）**

　　JIS B 0060-5中有以下定義：「使用區間符號 " ↔ " 與拉丁字母大
寫的文字符號（用於表示附公差特徵的起點至終點）以做指示」（參照**圖
3.2.23**）。

　　在特徵控制框的上下任一方加入區間符號做指示。此時在指引線上加
入文字符號（**圖3.2.23**範例中為A、B），針對附公差特徵（指示了幾何
公差的特徵）的起點與終點位置做指示。

　　附公差特徵的起點與終點不在整體特徵的邊界上時，為了明確定出邊
界，使用細實線的補足幾何形狀來指示起點與終點位置。

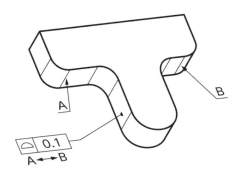

▲圖**3.2.23** 透過區間符號進行指示的範例
（引用自JIS B 0060-5之6.1的圖23）

● **投影公差區域的指示方法**

　　指示投影公差區域時，在特徵控制框內依照突出部分的公差值、條件符號Ⓟ（Projected tolerance zone的簡稱）、突出長度的順序進行指示。**圖3.2.24**表示，公差值為 " ϕ0.02 "、條件符號為 " Ⓟ "、突出部分的假想長度為 " 40 " 。

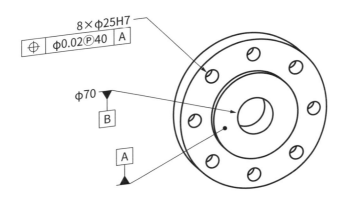

▲**圖3.2.24 投影公差區域指示範例**
（引用自 JIS B 0060-5 之 7 的圖 25）

● **特徵為尺寸特徵（基準點、基準軸直線、基準中心平面）時的基準指示方法**

　　於尺度線末端加上基準符號進行指示，由尺度線中拉出延伸的指引線並加入特徵控制框進行指示（參照**圖3.2.25**）。

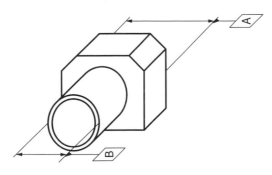

▲**圖3.2.25 尺寸特徵指示方法**

● 基準軸直線、基準中心平面的指示方法

　　於尺度線或連字線上加入基準三角符號進行指示，於尺度線延伸處旁與指引線相連的連字線旁加上尺寸特徵的尺寸（參照**圖3.2.26**）。

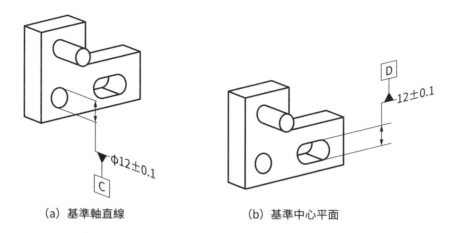

（a）基準軸直線　　　　　　　　（b）基準中心平面

▲圖 3.2.26 基準軸直線、基準中心平面指示範例
（引用自JIS B 0060-5之5.1的圖17）

3-2-9 基準目標的指示方法

● 使用區域指示對基準目標進行指示

　　在設計模型表面上使用區域指示對基準目標進行指示時，可用兩點鏈線或細實線，將指示的區域圍住後做填充線處理。從指定的區域中拉出帶黑圓的指引線，並於延伸處將其與基準目標填寫框及區域中的基準目標符號相關聯。**圖3.2.27**中，對區域為 ϕ8mm的3處基準目標A1、A2、A3做了指示。

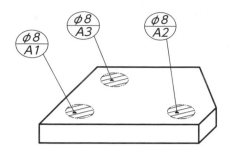

▲圖3.2.27 使用區域指示的基準目標

● **使用線對基準目標進行指示**

在設計模型表面使用線對基準目標進行指示時,將附箭頭的指引線連至設計模型表面進行指示。從基準目標中拉出附箭頭的指引線,並於延伸處將其與基準目標填寫框及區域的基準目標符號相關聯(參照**圖3.2.28**)。此外,指示模擬基準特徵的長度時,則於線的基準目標的起點及終點位置加上×符號。

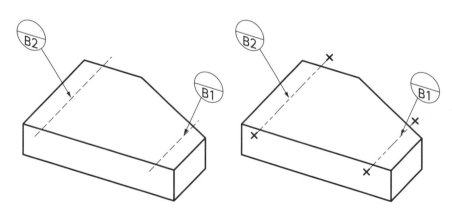

▲圖3.2.28 使用線對基準目標進行指示

3-2-10 特徵控制框

● 重疊的特徵控制框指示方法

目前由於不同的3D CAD有不同的指示方法，故拉出指示線的位置可透過下列三種方法進行指示（參照圖3.2.29）。

（a）由上方的特徵控制框中間拉出指示線；（b）由上下兩特徵控制框的交界處拉出指示線；（c）由下方的特徵控制框中間拉出指示線。

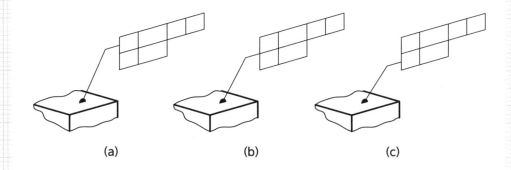

(a)　　　　　　　　　　(b)　　　　　　　　　　(c)

▲圖3.2.29 特徵控制框指示範例

3-③ 公差分析

設計者於設計時必須考量到零件加工精準度及加工成本等，並做出最適當的公差指示。目前市面上有販售各種分析軟體，設計時如有特別要求精準度的加工處，務必進行公差分析，並根據分析結果來設定公差。從事設計工作的設計者，在遇到需要特別嚴格要求加工精準度的圖面時，經常會需要向相關部門的技師說明要求加工精準度的原因。設計時不能抱著先做再說的想法瞎子摸象，而是必須透過專業軟體進行公差計算，以便明確指示設計意圖。近年分析軟體功能愈加齊全，不僅可用於三維分析，所計算出的公差值信賴度亦大幅提升。從平時就養成習慣使用這些精準的分析軟體，對一名設計者而言是至關重要的事。

由於產業界需要大量生產零件，故設計的初期階段在求累積公差時，不會只是單純將公差加起來，大多數是採用統計學計算方式，將發生率較低的部分排除，並取其平方和的平方根。以下針對「極值法（Worst case）」、「均方根法（RSS）」、「6σ法（六西格瑪法，計算標準差）」做解說。

試求3個零件的累積公差範例

① 極值法

各個零件的公差（誤差允許值）為0.2（±0.1）、 0.2（±0.1）、0.4（±0.2），累積公差則為0.2＋0.2＋0.4＝0.8。

所謂極值法，此方法中針對會影響公差累積的零件，將特徵的尺寸、形狀、定向、位置中的「間隙」，取其可容許兩極值（上限、下限）其中一極的值進行計算。此方法為單純將公差相加，所得出累積公差的數值為所有方法中最大值（參照圖3.3.1）。

以圖3.3.1為例，箱入零件A、零件B、零件C時，所需空間至少要有90±0.4mm。

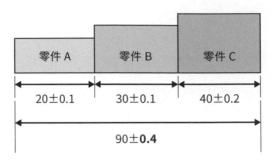

▲圖**3.3.1** 極值法範例

② 均方根法

各個零件的公差（誤差允許值）為0.2（±0.1）、 0.2（±0.1）、0.4（±0.2），均方根法的累積公差則為 $\sqrt{(0.2^2 + 0.2^2 + 0.4^2)} = \sqrt{0.24} = 0.489897\cdots$。

圖**3.3.2**所示的零件特徵，尺寸、形狀、定向、位置為彼此獨立，且皆為常態分布。均方根法可成立的前提為從中隨機取樣，將公差的平方相加後取平方根求出累積公差。

在量產零件中大多採用均方根法。

以圖**3.3.2**為例，箝入零件A、零件B、零件C時，所需空間僅需90±0.245mm即可。

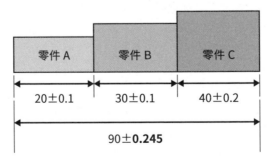

▲圖**3.3.2** 均方根法範例

3-4 標準差

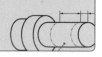

① 標準差（6σ法的計算方法）

在量產零件時，並非所有加工零件都是在設計值所容許的誤差範圍內進行加工。零件的加工精準度，會因為加工過程中的品管及加工能力等而導致品質良莠不齊。標準差，是一種將個別加工零件的不同公差化為具體數字的指標，在生產管理中用於表示加工零件的整體良率，並可透過6σ法計算（標準差計算）。

一組數據為常態分布的母體，可透過以下公式求得其平均值 μ、標準差 σ、變異數 σ^2。

母體中共有n筆數據，Xi為母體中第i筆數據之值，此時平均值 μ 定義如下：

$$平均值 \quad \mu = \sum_{i=1}^{n} \frac{x_i}{n} \tag{3.1}$$

而變異數 σ^2 用於描述數據與平均值之間的離散程度，並可定義如下：

$$變異數 \quad \sigma^2 = \sum_{i=1}^{n} \frac{(x_i - \mu)^2}{n} \tag{3.2}$$

將變異數 σ2取平方根得出標準差 σ，與變異數相同，用於描述數據與平均值之間的離散程度，並可定義如下：

$$標準差 \quad \sigma = \sqrt{\sum_{i=1}^{n} \frac{(x_i - \mu)^2}{n}} \tag{3.3}$$

變異數的單位為取標準差平方的單位，由於取相同單位在直覺上會較易於理解，故一般若想比較離散程度時多使用標準差。

標準差的2倍即2σ（±σ），在母體中所占面積為68.27％，4倍（±2σ）為95.45％、6倍（±3σ）為99.73％（參照**圖3.4.1**）。

一般而言，以6σ法進行品質管理，所獲得的良率會比使用2σ法更高。產業界中亦多使用6倍標準差，即6σ（±3σ）來管控零件公差的離散程度。

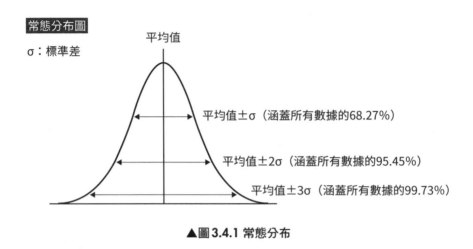

常態分布圖
σ：標準差

平均值

平均值±σ（涵蓋所有數據的68.27%）

平均值±2σ（涵蓋所有數據的95.45%）

平均值±3σ（涵蓋所有數據的99.73%）

▲圖3.4.1 常態分布

② 6倍標準差，6σ法（±3σ）範例

在進行量產零件的加工時很難將不良率降為0。設計者在設計時，為了能夠盡可能取較大的標準差，必須仔細考量零件功能所要求的精準度與現場加工機台的加工精準度，並在兩者之間取得平衡。

若提高零件功能所要求的設計精準度，則理所當然地加工難度也會跟著變高，造成生產成本增加。因此，設計者必須確認自己所設定的設計值在實際生產中的狀況。

【範例：零件A】

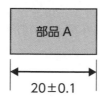

▲圖3.4.2 零件A

以下範例為在零件A的量產中取10個零件做抽樣檢查的數據。

▼表3.4.1 對尺寸為20mm的零件A取10個零件的數據
（單位：mm）：除了誤差值平方之外

測量值	19.96	20.02	20.04	19.97	19.98	20.04	19.95	20.03	19.97	20.04
誤差值	−0.04	0.02	0.04	−0.03	−0.02	0.04	−0.05	0.03	−0.03	0.04
誤差值平方	0.0016	0.0004	0.0016	0.0009	0.0004	0.0016	0.0025	0.0009	0.0009	0.0016

透過表3.4.1中10個零件的數據，可得其平均值（μ）、變異數（σ^2）、標準差（σ）、平均值-3σ、平均值$+3\sigma$如下，即使只取6倍標準差6σ（$\pm3\sigma$），亦可符合設計值20±0.1。

▼表3.4.2 零件A的標準差等

尺寸	公差	平均值 μ	變異數 σ²	標準差 σ	μ−3σ	μ+3σ
20	±0.1	20	0.00124	0.0352	19.8944	20.1056

【範例：零件B】

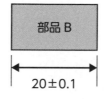

▲圖3.4.3 零件B

以下範例，是在零件B的量產中取10個零件做抽樣檢查的數據。

▼ 3.4.3 對尺寸為 20mm 的零件 B 取 10 個零件的數據

（單位：mm）：除了誤差值平方之外

測量值	19.92	20.05	20.1	19.92	19.93	20.08	19.94	20.06	19.94	20.06
誤差值	−0.08	0.05	0.1	−0.08	−0.07	0.08	−0.06	0.06	−0.06	0.06
誤差值平方	0.0064	0.0025	0.01	0.0064	0.0049	0.0064	0.0036	0.0036	0.0036	0.0036

透過表3.4.3中10個零件的數據，可得其平均值（μ）、變異數（σ^2）、標準差（σ）、平均值-3σ、平均值$+3\sigma$如下，若取6倍標準差6σ（$\pm3\sigma$）時，結果不符合設計值20$\pm$0.1，存在無法達成良率99.73％的風險。

▼表3.4.4 零件B的標準差等

尺寸	公差	平均值μ	變異數 σ²	標準差 σ	μ−2σ	μ+2σ	μ−3σ	μ+3σ
20	±0.1	20	0.0051	0.07141	19.8572	20.1428	19.7858	20.2142

第 4 章

產品設計

　　由於筆者主張有必要將市面上使用「商品」與「產品」的差異區分清楚，因此從設計領域中特別挑出產品設計的部分進行說明。

　　一般而言，「產品」一詞如同字面所示，是指製造出來的物品；而「商品」一詞，則是以買賣為目的的物品。「商品」一詞涵蓋了「產品」，也包含了「服務」這種非在工廠製造的概念。

　　本章節所提到的設計對象，是指在工廠內生產的「產品」而言。

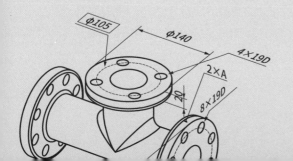

4-1 所謂的產品設計

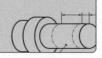

4-1-1 各個開發流程中的產品設計

產品設計者所規劃的產品，必須要能夠符合市場需求，並解決產品化時的產品企劃、設計、生產、甚至出貨（開發、生產、販售部門間的協調）種種難題。

電子、精密儀器業界中負責產品化的開發部門，從企劃／構想到量產階段為止，一般都是按照**表4.1.1**的流程進行開發。在各個程序中必須進行通盤的考慮，解決所有問題後再確實推進至下一個流程。為提高開發效率，開發時基本上只會前進不會回頭，因此，在進行下一個流程之前，會由相關部門審議後再行推進。

▼表4.1.1 主要開發流程範例

開發流程	內容
企劃／構想	市場性、差異化、法規、獲利能力、期程訂定
要素審視	通盤考慮技術上難以達成的功能
功能審視	建立實現產品整體功能所需的核心技術
產品功能審視	建立產品整體功能
產品審視	建立包含產能在內的所有產品功能
量產審視	解決量產中遭遇的問題，並建立量產機制
量產	判斷是否投入量產

（1）企劃／構想

產品開發的定位必須是最早確認的程序，需同時參考企劃、開發、生產、管理、販售、物流、服務、品質等部門的意見來進行。此程序中會先通盤考慮市場性及差異化等要素後，再訂定擬開發產品的產品規格、單元（unit）規格、零件規格等。

市場性：審視內容包含擬投入市場的產品之市場需求、該市場對市售產品的要求及客訴等。

差異化：比較自家公司的市售產品與競爭對手的產品，並通盤考慮成為熱銷產品必須能夠提供哪些符合市場需求的特色。

法規：本書〈2-3-1 主要國際標準調查〉亦有提及，需針對擬開發產品的製造與販售地以及相關法規因應措施等，實施全球性的調查／通盤考慮。

獲利能力：為確保此產品在投入各種製造成本及營業費用後仍能獲取充分利潤，需要通盤考慮各項投入成本及售價。投入成本包含開發費（設計、樣本試作）、材料費、加工／組裝費、經費等製造成本，以及營銷費、保修費、廣告宣傳費等營業費用。

期程訂定：在產品開發的初期階段，協調企劃部、開發部、樣本試作部、採購部、生產部等各部門，事先訂定各個開發流程中從企劃／構想到量產為止的大致期程。

產品規格：此為各家公司依管理等級所制定的有關擬製作產品的性能、品質相關特性的規格。產品規格主要由開發部製作，經開發、生產、管理、販售、物流、服務、品質等部門通盤考慮後制定。

制定內容包含產品適用範圍、外觀、功能、操作性、使用壽命與信賴性、安全規格、環境耐受性、檢測方法、使用注意事項等。

單元規格：此為各家公司依管理等級所制定的有關各機件單元性能、品質相關特性的規格。單元規格主要由開發部提出，經開發、生產、管理、販售、物流、服務、品質等部門通盤考慮後制定。

其規定的規格內容與產品規格項目大致相同。

零件規格：此規格特別針對產品零件中的重要管理零件（Key part）做出規定。零件規格主要由開發部提出，經開發、生產、管理、販售、物流、服務、品質等部門通盤考慮後制定。

零件性能及品質相關特性依各家公司的管理等級規定，通常大多數會記載於零件圖上。

（2）要素審視

要素審視的定位是針對擬開發的產品，通盤考慮在設計與生產中技術上難以實現的功能。單元規格及零件規格等規格中規範了達成目標值，該目標值即是依據本程序的結果來訂定。

尤其這是為了將新產品與自家公司舊有產品以及其他競爭對手的產品做出差異所需的重要功能，必須事先確保該功能可以開發成功。為此，有必要同時進行初步的簡略設計。

在本書〈2-3-2 其他調查〉也有提到，特別是需要開發新技術時，為掌握設計的產品是否侵害到他人專利而進行的專利調查，以及設計產品的新技術相關專利申請等，對一名設計者而言是非常重要的工作。

（3）功能審視

功能審視的定位是建立實現產品整體功能所需的核心技術。前階段的要素審視，可視為把重點放在為實現單一功能而進行的審視；而功能審視則是考量產品整體功能而進行的審視，審視前必須先有明確的方針，思考如何統整產品整體功能。本程序以單元規格與零件規格等目標值為基準，根據通盤考慮後結果決定產品整體功能的目標值。

同時必須考量到生產時的產能、用戶使用時的操作便利性以及生產成本之間的平衡。

而且，由於該核心功能可與自家公司的現有產品及競爭對手的產品做出差異化，是非常重要的功能，因此在課題的解決與專利的申請上，特別需要謹慎處理。

（4）產品功能審視

產品功能審視的定位是建立產品整體功能。此程序中，為了在市場上推出產品，產品相關的所有設計部門（機械、電子、軟體、化學、光學等）會以產品規格與單元規格為基準，針對產品能否達成當初所規劃的功能進行通盤確認後做決定。並依據本程序通盤考慮後的結果定義產品規格，決定擬達成的產品功能目標值。

（5）產品審視

產品審視的定位是建立產品的所有功能，包含生產性。本程序主要是通盤考量生產上會遇到的困難並予以解決。也就是以生產性為中心，透過有效利用在「（1）企劃／構想」中審視的產地與生產工廠產能數據，以達成產品規格中所規定的功能及品質。也可視為是為了解決產品上市時會遇到的所有困難，針對產品性能與品質相關特性做最後通盤考慮及確認的程序。

（6）量產審視

量產審視的定位是建立量產機制，解決量產過程中會遇到的問題。本程序主要針對生產上的難題，特別以「（1）規劃／構想」中審視的量產獲利能力為中心做通盤考慮。

為能夠提出符合市場需求的販售價格，並有效運用產地及生產工廠的產能，會針對最合適的生產國家、生產工廠的規模與體制、以及材料及零件的採購等問題做通盤考慮。決定在當地生產時，當地的產業能力會大幅影響產品規格。產地有能力提供的零件形狀與材料經常與設計需求不符，與相關部門協調後進行設計變更的例子亦時有所聞。

（7）量產

量產，是將開發及設計部門所主導的各種產品化的審視結果，移交給生產部門並於工廠中實際生產產品的程序。

也就是，經過開發設計、管理、販售、物流、服務、品質等部門共同通盤考慮後，最終由生產部門決定是否生產。

4-② 設計者扮演的角色

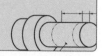

如同前面章節所提，設計者的工作並非只需要完成製圖即可。設計者必須時時將以下①～⑤點謹記在心，並設計出可實際製作出產品的規格及設計圖、設計書等。

① 調查並分析市場情況。

② 精進最新專業技術的知識。

③ 產品相關專利已被他人取得時的處理方法與新技術相關的專利申請。

④ 即時提供市場所需的產品。

⑤ 與相關部門密切連繫，掌握公司現況。

尤其，我們設計出來的產品需要考量到新市場及全球市場的拓展，還有國外法規、出口管制、環保措施等，也都是設計者的重責大任。

所謂的產品設計，必須從開發企劃、開發規劃階段就做出能夠實際製造出產品的規格及設計圖、設計書等，以開發出市場所需的功能。

- 透過不同專業技術領域設計者的互相合作，方能打造出產品。

  例 產品設計是由機械設計者、電子設計者、光學設計者、軟體程式（以下稱軟體）設計者、化學品設計者等各領域合作設計完成。

- 發揮企業技術與特長，設計出能夠博得消費者青睞的規格及產品，此為企業競爭力之所在。

- 產品的設計規格，與機械、電子等不同專業技術領域的設計規格有關。

  例 機械設計規格、電子設計規格、光學設計規格、軟體設計規格、化學品設計規格等皆與產品設計規格相關。產品整體的設計規格之間關係如下**圖4.2.1**所示。

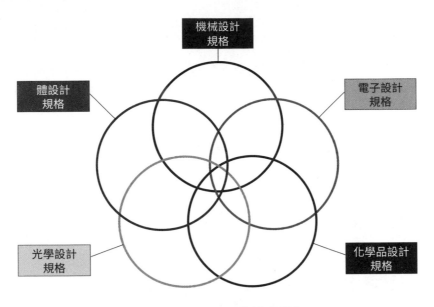

▲圖4.2.1 設計規格間的關係

　　電子、精密儀器業界的產品中，僅由機械零件所構成的產品可說是極為少見，大多數還包含了電子零件、光學零件、軟體、化學品等。這些零件按照設計規格被分別製成圖面，接著按照圖面製造出零件後，再將零件組裝成產品。這些零件的設計規格有複雜關聯性、彼此互補，最終成為產品並問世。

　　雖然設計者憑藉各自技術彼此相互協力即可完成一項產品，但透過了解不同技術領域的知識，便能打造出更加優質的產品。

設計流程

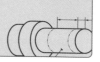

在工廠實際生產產品之前，從企劃／構想到產品審視為止的設計流程中，會由負責各項專業技術的設計部門相互合作，逐一解決各程序中設定的所有審視課題。

圖4.3.1為從企劃／構想到產品審視為止，各設計部門彼此合作的設計流程。

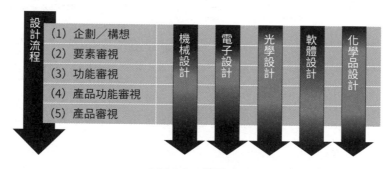

設計流程

(1) 企劃／構想
(2) 要素審視
(3) 功能審視
(4) 產品功能審視
(5) 產品審視

機械設計　電子設計　光學設計　軟體設計　化學品設計

▲圖4.3.1 設計流程

針對本書〈4-1-1 各個開發流程中的產品設計〉提及各流程中設定的設計課題，產品設計者必須透過與不同技術領域的設計者合作協力來逐一解決，以免有所衝突。為此，在設計開始前必須先行充分審視各設計部門間的規格。

例如各部門負責的設計有所變更時，需向相關部門說明為何必須變更設計與變更的內容，同時及早商討解決辦法並進行處理。這一點對於在設計完成前，維持合作的設計者之間的信賴關係，是極為重要的。

4-4 機械設計者扮演的角色

4-4-1 電子、精密儀器業界中機械設計扮演的角色

產品設計必須透過不同專業技術領域的設計者彼此合作，方能完成產品整體設計。也就是說，在機械、電子、光學、化學品、軟體等相關部門協力下設計一項產品。近年來，在電子、精密儀企業界經手的產品中，又以軟體所占的領域日漸增加，但產品樣式仍需經由機械設計者決定規格及產品整體形狀。一名機械設計者必須涉獵不同技術領域的專業知識，了解電子、光學、化學品、軟體的設計規格，以便整合產品整體的設計規格。

4-4-2 產品組成

一項產品由有形物及無形物所組成。有形物包含了為達成產品所需各項功能而使用的機械、電子、化學品等零組件；無形物則如軟體。

若將產品的組成進一步細部分解，最終可分解為一個一個的機械零件及電子零件。如**圖4.4.1**所示，將這些一個一個的機械零件及電子零件組裝起來後，便成為可達成產品最小單位功能的「單元」。將這些單元與零件、或單元與單元組裝起來後，成為可達成進階功能的「母單元」。電機、辦公室設備、精密儀器業界中的產品，其代表性的組成，即為產品底下有「子單元」，再往下又有「子子單元」，其下由各個零件所組成。以主要產品為範例來解說，例如相機由數百個零件、影印機由數千個零件、半導體光刻機則由數萬個零件所組成。

設計、加工、組裝等作業通常以單元為單位，而非以零件為單位。為了使單元的功能更加明確，必須製作單元規格。

單元依照產品規模不同，大致可分為：①由一百個以內的零件組成的

子子單元、②由各機械、電子等設計團隊負責處理，數十個子子單元所組成的子單元、③由所有設計者負責處理，數十個子單元所組成的母單元（參照**圖4.4.1**）。

假如單元為數十個機械零件所組成，一般而言，擔任產品設計的機械設計者會同時負責數個此類單元的設計。即便技術領域不同，但要實現一個功能，單元間的相互關係極為重要。產品設計者如果想要實現產品整體功能，需要考量的不僅是自己負責的單元規格，還需要考量相關單元的規格。

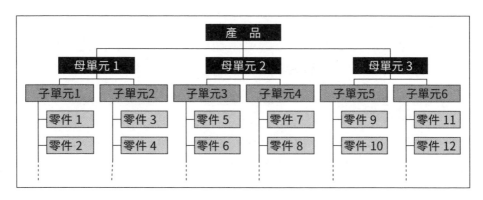

▲圖4.4.1 產品組成

4-5機械設計中的設計順序

設計產品時很難馬上就能進行詳細設計。設計者必須先掌握產品整體圖像，大略構思要使用何種機構或構造來實現核心項目，以達成規定的設計規格，並逐步推進至詳細設計階段。一般而言，設計時會按照構想設計→基本設計→詳細設計此順序逐步進行。

為了完成本書〈4-3 設計流程〉中的要素審視、功能審視、產品功能審視、產品審視等各個程序，會在每次審視過程中個別實施構想設計、基本設計、詳細設計（參照**圖4.5.1**）。

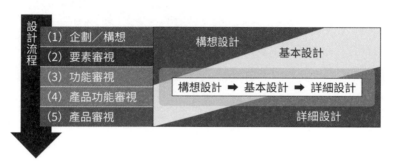

▲圖4.5.1 設計流程

（1）構想設計

構想設計是通盤考慮要如何具體實現產品所需規格，並於相關部門（電子、光學、化學品、軟體等）間將產品規格分配至個別技術領域的程序。

不論是在合作領域或是個別負責的領域中，都必須明確定下各領域所扮演的角色。因此，需要先針對產品整體的概要設計進行審視，而非堅持從一開始就要做詳細設計。

（2）基本設計

　　基本設計是與相關部門間確認各自技術領域相關最終設計的程序。機械設計者亦需確認產品、單元、零件的規格，以及彼此間的布局與主要設計規格。

　　基本設計主要針對下列設計重點進行審視：

　　性能、操作便利性、信賴性、安全標準、環境耐受性、經濟性等。

（3）詳細設計

　　詳細設計是針對個別單元及零件建立其最終製作規格與最終圖面的程序（定義設計模型的設計基準與幾何公差等）。

　　詳細設計主要針對下列設計重點進行審視：

　　設計規格、生產性（加工、組裝）、成本、操作便利性、安全性、環境耐受性等。

第 **5** 章

鑄模製零件

　　在日本的大學中，有教授鑄模製零件的並不
多，但這個領域的設計知識卻是每一位產業界設計
者都必須熟悉的。不論何種設計領域都一樣，設計
者必須了解產品的製造過程，並事先掌握加工技術
知識。

　　本章節將針對鑄模製零件的設計技術與加工技
術進行說明。

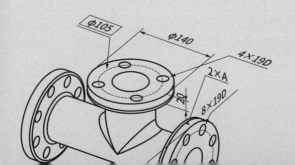

5-① 所謂的鑄模製零件

（1）鑄模製零件的特徵

① 如圖5.1.1所示，電子、辦公室設備業界產品的組成零件中，鑄模製零件約占30%。

電子、辦公室設備業界的主要產品組成比例約為：鈑金零件（50%）、鑄模製零件（30%）、切削零件（15%）、鑄造零件（5%）。

② 使用模具製造的射出成型零件。

③ 可將形狀複雜的零件一體成型。

④ 材料輕薄。

⑤ 可對材料著色。

⑥ 被用於量產零件的製造。

⑦ 主要被設計用於外殼零件。

▲圖5.1.1 鑄模製零件範例（引用自日本佳能股份有限公司網站）

（2）鑄模製零件需要具備的功能

① 保護內部零件。

② 展現外觀設計，以提高商品價值。

③ 外形安全且便於使用，可穩定安裝。

④ 阻絕內部構造所發出的噪音、雜訊、雜散光等干擾因子。

⑤ 還需要能夠防止意外，例如當內部構造發煙或起火時，能夠透過外殼零件阻絕火勢延燒至外部。

5-② 鑄模製零件使用的術語

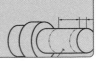

在開始設計鑄模前，首先針對設計、製造鑄模製零件時使用的基本專業術語做說明。

▼表5.2.1 鑄模成型術語範例

射出成型	分模線	成型用塑料材料
模具	澆口	阻燃性
模穴	流道	耐候性
模芯	注道	耐化學品性

5-2-1 射出成型

射出成型是一種加工法，將熱塑性成型用塑料加熱至軟化，並對熔化的成型用塑料施加射出壓力，從射出筒中射出塑料填滿模具並使成型（圖5.2.1）。電子產品的外殼零件大多數是使用射出成型加工製成。

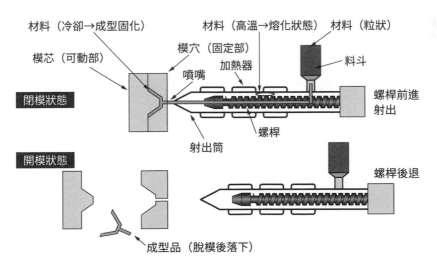

▲圖5.2.1 射出成型範例

5-2-2 模具

　　模具主要分為沖壓模具及射出模具，但本書介紹的模具，是工業產品中透過射出成型製造鑄模製零件時所使用的鑄模模具（**圖5.2.2**）。也有人將射出模具視為加工工具的一種，其與一般加工工具的最大差異在於，模具是透過集體系統化，特別針對特定零件做加工成型的工具。設計模具時，必須綜合考量注道的位置與形狀、澆口的位置與種類、形成產品形狀時所需的模具空間設定、模具的分模、冷卻方法等。而且模具設計者為了讓產品設計完備，設計時還需要考量到模具成型後的收縮及變形。

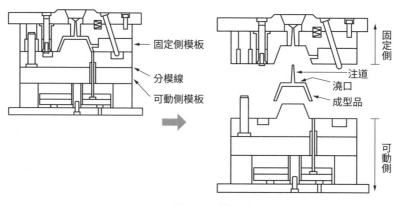

▲圖 5.2.2 模具範例

5-2-3 模穴

　　模穴，為射出成型機中的一個部位，指用於填注成型用塑料的空間，是與射出成型機相連的固定側（亦稱母模、凹模）模具（參照**圖5.2.3**）。

5-2-4 模芯

　　模芯，為射出成型機中的一個部位，指用於填注成型用塑料的空間，是與模穴成對的可動側（亦稱公模、凸模）模具（參照**圖5.2.3**）。

5-2-5 分模線

　　分模線（Parting Line,PL，亦稱分模面），指的是用於分離模穴與模芯的分割線或分割面（參照**圖5.2.3**）。成型用塑料如果流入分模線中，容易於成型品留下條痕或產生毛邊，所以需要特別注意。分模線雖然是由模具設計者及產品設計者在考量模具的最終結構後決定，但仍建議產品設計者應於圖面上進行指示。

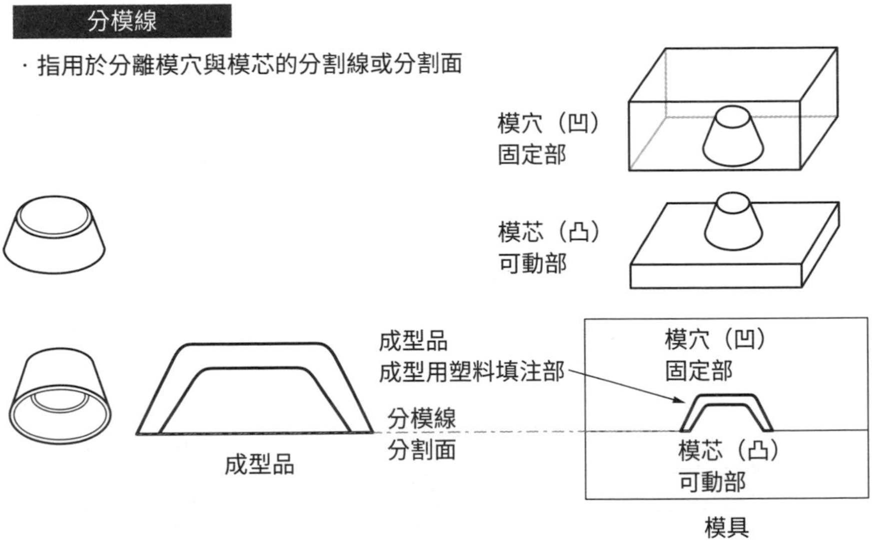

分模線

· 指用於分離模穴與模芯的分割線或分割面

模穴（凹）固定部

模芯（凸）可動部

成型品
成型用塑料填注部

模穴（凹）固定部

分模線
分割面

模芯（凸）可動部

成型品

模具

▲圖 5.2.3 分模線

5-2-6 澆口

　　澆口,將熔化的塑料注入模穴時可對塑料進行導向,並防止塑料回灌至射出機。成型品的入口愈細,與產品分離後的表面就愈漂亮,但同時也愈不容易將成型用塑料注入模具空間中。依據成型用塑料的種類、成型品大小等因素,因應使用不同種類的澆口。**圖5.2.4**為典型的澆口範例。

〔側狀澆口〕

　　側狀澆口為一般常見的澆口,其特徵是澆口位置設置於分模線沿水平方向延伸的產品邊線上,故澆口痕跡較淡。

〔潛狀澆口〕

　　潛狀澆口的特徵是,在分模線開闔時會自動切除澆口並與產品分離。

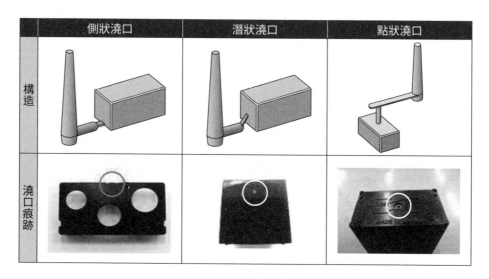

▲圖5.2.4 澆口種類範例

〔點狀澆口〕

點狀澆口的特徵是將小形的澆口設置於產品面，因此澆口痕跡不明顯。但是，注入成型用塑料的開口較小，塑料較不易填充至模具空間的末端，使用上需要注意。

5-2-7 注道

注道，指的是位於射出成型機的射嘴至流道之間，供熔化塑料流動的管道（參照**圖5.2.5**）。

5-2-8 流道

流道，指的是在可製造多個成型品的模具中，注道至澆口之間供熔化塑料流動的管道（參照**圖5.2.5**）。

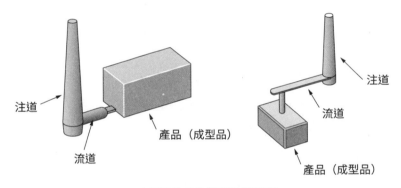

注道

流道

產品（成型品）

注道

流道

產品（成型品）

▲**圖 5.2.5** 注道與流道範例

5-2-9 脫模

　　脫模，指的是模具內的成型品完成後，將成型品從模具中取出時的頂出動作（參照**圖5.2.6**）。使用頂出銷自模具推出產品時，產品表面會如圖（圖中下方照片）的圓框處所示，留下白濁色的頂出痕跡。

　　由於會留下頂出的痕跡，因此，頂出位置不會設置在產品表面等的可見區域。由於頂出位置會影響產品品質，設計者必須事先指示可頂出及不可頂出的區域。

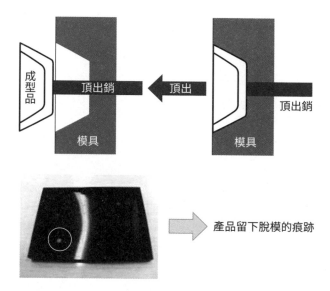

▲圖5.2.6 脫模範例

5-2-10 拔模角度

　　拔模角度，指的是將成型品自模具中取出時，為了能輕鬆取出成型品而於開模方向設置的角度（參照**圖5.2.7**）。

　　角度一般設定在0.5°至1°之間。但若是成型品與模具接觸面有做咬花加工等處理時，由於脫模阻力會增加，故拔模角度會設定在3°以上。

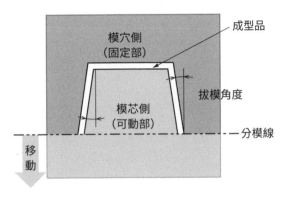

成型品

模穴側
（固定部）

拔模角度

模芯側
（可動部）

分模線

移動

▲圖5.2.7 拔模角度

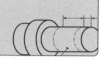

5-③ 成型用塑料材料

　　對零件所使用的材料做指示，也是設計行為之一。金屬材料中，即使同樣是鐵，依據不同的用途，除了常用符號（SPCC）之外，還必須以常用材料的符號（SPCC-2B）來指定材料。SPCC-2B表示指定了材料使用調質或消光拋光等加工處理。

　　成型用塑料材料也一樣，設計者必須具備成型用塑料材料相關知識，才能在圖面上詳細指示出材料特性。由於日本的大學一般不太會進行鑄模製零件的設計實作，故下一頁開始介紹產業界中使用的成型用塑料材料，以供讀者參考。

5-3-1 成型用塑料材料種類

　　成型用塑料材料（參照**圖5.3.1**，97頁）可分為熱固性塑料及熱塑性塑料，分別具有以下特性：

① 熱固性塑料
- 具有加熱後即固化的性質。
- 一旦固化後，即使再加熱也不會再次軟化。
- 擁有良好的耐熱性及耐化學品性。
- 與催化劑混合，使其在模具中發生聚合反應後成型。

② 熱塑性材料
- 加熱後軟化、冷卻後硬化。
- 即使固化成型後也能重新再利用。
- 用於家電及精密儀器中。
- 透過射出成型法成型。

射出成型中使用的成型用塑料為熱塑性塑料，又可分為結晶性塑料、非結晶性塑料、合膠塑料等三種。

❶ 結晶性塑料的特徵

- PE（聚乙烯）、PP（聚丙烯）等價格低廉的材料。
- POM（聚甲醛）、PA（聚醯胺）、PET（聚對苯二甲酸乙二酯）、PBT（聚對苯二甲酸丁二酯）、PPS（聚苯硫醚）、LCP（液晶聚合物）等具備良好耐熱性、強度、耐油、耐化學品性、滑動性的材料。

❷ 非結晶性塑料的特徵

- 常用塑料中，有PVC（聚氯乙烯）、PS（聚苯乙烯）、AS（苯乙烯－丙烯腈共聚物）、ABS（丙烯腈－丁二烯－苯乙烯共聚物）、PMMA（聚甲基丙烯酸甲酯）等價格低廉、尺寸穩定且透明的材料，惟其耐油性較差。
- 工程塑料中，有PC（聚碳酸酯）、PES（聚醚碸）、PPE（聚苯醚）、PEI（聚醚醯亞胺）、PI（聚醯亞胺）等具備良好尺寸穩定性、尺寸精準度、透明性、穩定性的材料。

❸ 合膠塑料的特徵

合膠塑料係指為加強耐熱性及強度而將數種材料混合而成的材料。
例如PC＋ABS、PC＋PS、AP＋PP、PC＋PET、PPE＋PS等材料。

以下為電子、辦公室設計業界的產品中經常使用的成型用塑料材料的
典型特徵。

ABS　丙烯腈－丁二烯－苯乙烯共聚物

優點：具備良好的高剛性、抗拉強度、耐熱性、耐磨損性、耐化學品
　　　性、尺寸穩定性、電氣特性，且易於印刷、電鍍、焊接、接
　　　合。

缺點：可燃，且耐候性差。

用途：用於電視組成零件、筆記型電腦、冰箱內部零件、空調組成零
　　　件、車輛內部零件、各種大小樣式的行李箱、滑雪板、高爾夫
　　　球竿、樂器盒、安全帽、電子計算機、3D列印材料等。

PMMA　聚甲基丙烯酸甲酯

優點：具備良好的透明性、光澤性、低收縮率、耐候性、成型性，且
　　　凹陷少。

缺點：耐衝擊性低、易燃、耐磨性低。

用途：鏡頭、光纖、取景器、防風玻璃、醫療用品、看板、照明器
　　　具、顯示器、裝飾品等。

PET　聚對苯二甲酸乙二酯

優點：具備良好的耐寒性、透明性、滑動特性、機械特性、電氣特
　　　性。

缺點：不耐衝擊。耐熱性及耐化學品性低。不透氣。

用途：寶特瓶、照片底片、透明包裝容器、化學品及化妝品容器、
　　　3D列印材料等。

PC　聚碳酸酯

優點：具備良好的高剛性、耐衝擊性、透明性、尺寸穩定性、耐熱性。且輕。

缺點：耐化學品性差，不耐高溫高濕。

用途：照明用透鏡、眼鏡鏡片、手機外殼、電機電子機器、CD及DVD等光碟、醫療儀器、隔間牆、車棚、陽台遮陽板、防彈玻璃、安全帽、行李箱等。

PC ABS　聚碳酸酯／丙烯腈－丁二烯－苯乙烯共聚物

為合膠塑料，同時兼具PC及ABS兩者特長。

優點：具備良好的耐熱性、耐衝擊性、耐化學品性、電氣特性。易於焊接、接合，且輕。

缺點：耐候性差。

用途：家電產品外殼、辦公室設備產品外殼、精密儀器產品外殼、車輛內部零件、運動用品、托盤、安全帽、照明器具、家庭用具等。

POM　聚甲醛

優點：具備良好的自潤滑性、高剛性、耐磨損性。

缺點：耐候性差，不耐酸，阻燃性低。

用途：時鐘齒輪、軸承、光碟機、後視鏡蝸桿齒輪等。

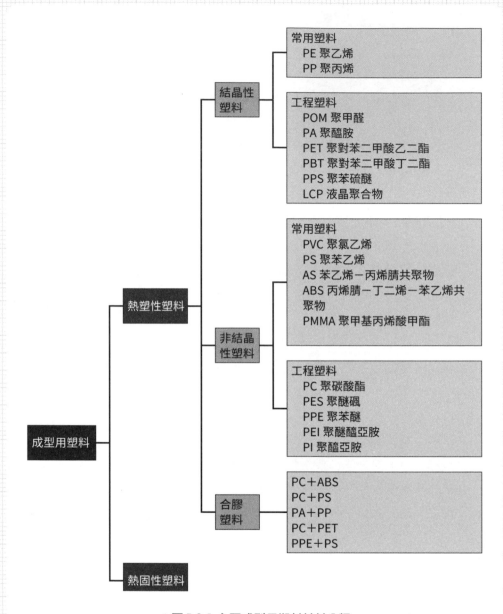

▲圖 5.3.1 主要成型用塑料材料分類

5-3-2 材料特性

　　用於製造鑄模製零件的成型用塑料有著塑料獨有的特性，其選用評估法亦有固定方式。**表5.3.1**中所示範例為Cycoloy CH6310__CH6300__CY6414的物性比較表（引用自沙特基礎工業公司日本合同會社型錄）。

　　選擇成型用塑料時，必須考量的特性有吸水性、成型收縮率、阻燃性等。

▼表 5.3.1 物性比較表（工程塑膠 **Cycoloy CH6310**、**CH6300**、**CY6414**的物性比較表）
　（引用自沙特基礎工業公司（**SABIC**）日本合同會社的型錄）

Cycoloy CH6310__CH6300__CY6414的物性比較表

沙特基礎工業公司日本合同會社型錄

性質	單位	測定法 ASTM	條件	CH6310	C6300	CY6414
比重	—	D792	23℃	1.2	1.18	1.18
吸水率	%	D570	23℃、24 小時	0.20	0.20	0.20
成型收縮率	%	D955		0.5-0.7	0.4-0.6	0.4-0.7
負載變形溫度	℃	D648	0.455MPa			
			1.82MPa	118	106	118
線膨脹係數	1*E−5/K	TMA 法	−30℃〜+30℃			
可燃性	mm	UL94	V-1 V-0 5VB	1.5 2.0	1.5 2.5	1.2 2.5
抗拉強度(降伏點)	MPa	自社法	23℃	61.3	61.0	63.8
抗拉強度(斷裂點)	%	自社法	23℃	220	180	197
彎曲強度	MPa	D790	23℃	93.2	97.0	101.0
彎曲彈性率	MPa	D790	23℃	2,403	2,450	2,359
IZOD 耐衝擊強度	J/M	D256 (1/8 inch)	帶切口 (23℃)	510	110	795
			帶切口 (−30℃)			
MFI	g/10min	D1238	260C/5kg	17.5	28.0	14.0
螺旋流	mm	—	塑料溫度 260℃、模具溫度 65℃、厚度 2mm	240	455	245

❶ 吸水性

- 成型用塑料每一次的使用量極多，材料成本影響生產成本甚大，因此採購材料時會一次性大量購買來削減成本。然而，存放材料時就算已經做好萬全準備，因為成型用塑料吸水率高而容易吸水，成型時吸取的水分急遽蒸發後，容易讓成型零件表面產生銀條紋（silver streak）或填充不足（shortshot）等缺陷。為避免發生此類缺陷，需要於低濕度且溫差小的環境中進行管理。

〔實際範例〕

成型用塑料	吸水率	成型用塑料	吸水率
ABS	0.5	PC	0.17
PES	0.43	PC／ABS 合膠	0.28
POM	0.25	PS	0.08

❷ 成型收縮率

- 成型收縮率，指將成型用塑料注入模具後塑料冷卻所造成的體積收縮率，可用以下公式表示：

$$收縮率 = \frac{（收縮前的長度）－（收縮後的長度）}{（收縮前的長度）}$$

改變成型條件雖然在一定程度上能夠控制收縮率，但是成型條件仍有其限度，最壞的情況甚至必須修正模具。

〔實際範例〕

成型用塑料	成型收縮率	成型用塑料	成型收縮率
ABS	0.4〜0.6	PC	0.5〜0.7
PES	1.5〜4.0	PBT	1.8〜2.2
POM	1.5〜2.5	PS	0.4〜0.7

❸ 阻燃性

- 阻燃性的定義是，成型用塑料對燃燒的阻絕能力指標。鑄模製零件的特徵是能夠做成各種形狀，適用於家電產品、辦公室設備產品的外殼零件。外殼零件必須能夠阻絕來自產品內部的延燒，所以需要具備抗燃燒的功能。尤其是想要輸往美國的產品必須符合UL規格，也就是必須針對產品的燃燒特性做評估。

- 成型用塑料的阻燃性，由UL94 HB開始，至高阻燃性UL94 5VA的規格如下。

阻燃性低 → → → 阻燃性高

UL94HB　　UL94 V-2　　UL94 V-1　　UL94 V-0　　UL94 5VB　　UL94 5VA

① UL規格的概要

「UL規格，係指美國保險商試驗所（Underwriters Laboratories Inc：UL）所制定的產品安全標準。目的為統一規範材料、裝置、零件、道具乃至產品的相關功能及安全性。取得UL規格的認證雖然不具強制性，但州級專案中大多數規定業者有取得UL認證的義務，美國的電器產品多數是經UL認證的產品。也有另一種ANSI／UL認證，將UL規格做為美國國家標準採用的認證。」（引用自日本貿易振興機構：JETRO「貿易投資諮詢Q＆A、UL規格之概要：美國」）

https://www.pilz.com/tw-TW/support/law-standards-norms/international-standards/north-america

② UL94規格概要

UL94規格是裝置及器具零件使用的塑膠材料燃燒性測試的規格編

號，用於表示塑膠材料對燃燒的阻絕能力，UL規格所制定的標準為世界通用。UL規格中針對燃燒速度、發燄燃燒時間、滴落物致燃等項目，分別以水平測試及垂直測試做燃燒特性評估。

JIS C 60695-11-10與JIS C 60695-11-20，是基於IEC 60695-11-10與IEC 60695-11-20所制定，其技術內容及架構皆沒有變更。

本書針對UL94規格彙整出以下重點內容，但是更詳細內容請參照IEC 60695-11-10、IEC 60695-11-20、JIS C 60695-11-10、JIS C 60695-11-20相關規格。

圖5.3.2及表5.3.2為摘自UL94規格中的測試方法與判定基準並彙整後製成，包含JIS C 60695-11-10（7.測試片、9.B法：垂直燃燒測試、9.4分類的表2「垂直燃燒性之分類判定基準」與圖3「垂直燃燒測試裝置（B法）」）；以及JIS C 60695-11-20（7.測試片、8.測試步驟、8.4分類的表2-5V燃燒性分類）的部分內容。

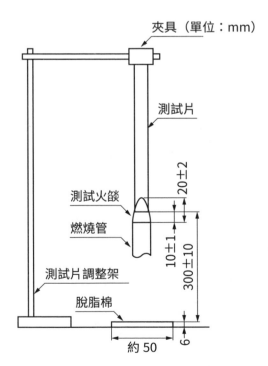

▲圖5.3.2（引用自JIS C 60695-11-10 的圖3-垂直燃燒測試裝置〔B法〕）

▼表5.3.2 垂直燃燒性的分類判定基準

（引用自JIS C 60695-11-10的B法，以及JIS C 60695-11-20）

對應標準	JIS C 60695-11-10			JIS C 60695-11-20	
判定基準	V-2	V-1	V-0	5VB	5VA
測試片的長及寬	125±5×13±0.5（mm）			125±5×13±0.5（mm）	
測試片的厚度	0.1、0.2、0.4、0.75、1.5、3.0、6.0、12（mm）			0.75、1.5、3.0、6.0、12（mm）	
測試片的數量	5 個				
測試環境溫度	15℃〜35℃				
測試環境濕度	75%以下				
測試火燄功率	50W			500W	
火燄接觸時間	10s±0.5s			5s±0.5s	
各測試片之有燄燃燒時間（t1 及 t2）	30s 以下	30s 以下	10s 以下		
各狀態調節之一組 5 片測試片的有燄燃燒時間總合 tr	250s 以下	250s 以下	50s 以下		
各測試片之第 2 次接觸火燄後的有燄燃燒時間及無燄燃燒時間的總合	60s 以下	60s 以下	30s 以下	—	—
各測試片之 5 次接觸火燄後的有燄燃燒時間與無燄燃燒時間的總合（t1＋t2）	—	—	—	60s 以下	60s 以下
有燄／無燄燃燒是否延燒至夾具	否	否	否		
是否讓脫脂棉墊著火之熔化滴落物或有燄滴落物	否	否	否	否	否
板狀測試片測試中，火燄是否燒穿	—	—	—	是	否

・V：vertical burning（垂直阻燃性）

・$$t_f = \sum_{i=1}^{5} (t_{1,i} + t_{2,i})$$

t_f：有燄燃燒時間總合（s）
$t_{1,i}$：第 i 次測試片之第 1 次有燄燃燒時間（s）
$t_{2,i}$：第 i 次測試片之第 2 次有燄燃燒時間（s）

JIS C 60695-11-10的B法與JIS C 60695-11-20的測試條件有些許差異，但兩者皆採用垂直燃燒測試法。

❹ 耐候性

耐候性，指材料對自然環境所造成之變質或劣化的抵抗能力。成型用塑料會因室（內）外的陽光、（降雨）、溫度、濕度等導致變色或劣化。針對此變色及劣化，可使用測色儀（色差儀）做色調評估，或使用光澤度計做光澤度評估。滑雪靴若長期放置不使用，可能會突然產生龜裂並損壞，此即為劣化所導致的實際範例。

❺ 耐化學品性

耐化學品性，指材料對各種化學品的耐受性。成型用塑料是由化學成分製成，容易因為化學品影響材料的耐受性為其特徵。

（1）化學品入侵到材料中切斷有機高分子鍵結，並降低材料的力學性質（抗拉強度、拉伸率等）及造成外觀品質受損。

（2）溶劑造成的溶解與膨潤會影響材料的物理性質（熔點、玻璃轉移溫度等）、力學性質（楊氏模量等）、尺寸、外觀品質。

從事鑄模製零件設計及製造的技師，可參考各家公司公開的成型用塑料資料。

鑄模製零件設計

　　與車床或銑床等透過切削材料製造出零件的加工方式不同，電子、精密儀器業界所說的鑄模製零件設計，是指在模具中注入熔化塑料使其成型的加工法設計。尤其鑄模製零件，其設計領域著重於量產性，在家電產品中，約有3成左右的機械零件使用鑄模製零件。近年來，成型用塑料的發展日新月益，鑄模製零件也開始用於汽車或航空器零件等需要具備輕量化且高強度性質的零件中。

　　鑄模製零件的設計基本上大同小異，特徵是使用模具來製造。其設計與切削加工不同，需要考量到形狀所造成的影響。如第5章所介紹，鑄模製零件設計中，為方便將成型品從模具中取出，必須考慮將角落（外角、內角等）倒R角（指將直角磨成帶圓弧狀的角）、或於模具與成型品分離處加入數度的拔模角度等事項。

　　本章節以過去6年實施的設計大賽中的內容為基礎，配合產業界在設計鑄模製外殼零件時必須遵守的課題及解決方法進行解說。

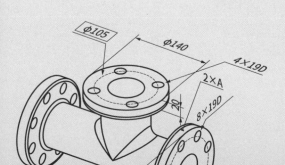

6-① 設計鑄模製零件時的考量點

6-1-1 設計流程

製作設計規格，是設計者為了實現產品所需功能而親自進行的設計行為。本書介紹的設計流程，是以事先定義好的基本設計規格為起點開始進行設計。

以下為設計時需要注意的事項：

① 設計規格的定位是記載產品基本條件規範的資料，針對規格不符合處雖然可以進行額外新增，但無法更改。

若想對產品進行細部調整使其更能獲得消費者青睞，則設計者必須親自與相關部門協調後，以新增規格的方式對產品進行微調。

② 為了讓模具設計者能夠正確理解產品設計的內容，設計產品時必須盡可能詳細標明模具條件。

6-1-2 設計順序

如同本書〈4-5 機械設計中的設計順序〉所述，設計時最重要的是先從構想設計開始，通盤考量如何將產品所要求的規格一步步化為具體產品，並依序推進至基本設計及詳細設計的階段，而非一開始就急著進行詳細設計。以下**表6.1.1**彙整了各個設計階段必須決定的主要條件（表中灰底部分）。

▼表6.1.1 各個設計階段中的主要審視內容

	構想設計	基本設計	詳細設計
設計規格			
成型性			
圖面標示（幾何公差）			

由於3D CAD的導入，模型製作也變得簡單許多，故年輕設計者往往傾向於在未充分實施事前審視前就急著先製作詳細模型。這種方法看似是透過製作出形體來進行設計，但實際上設計這條路沒有捷徑。受惠於CAD性能提升、分析軟體問世、資訊共享化等，使得設計效率有顯著提升，但事前的審視仍是不可忽略的步驟。設計者做出的設計必須要能讓自己滿意，且能夠獲得相關人士的信賴，設計者必須將這一點謹記在心。

6-1-3 設計時的注意事項

　　本節記載了設計鑄模製（外殼）零件時需要特別注意的事項。

1. 形狀

① 鑄模製（外殼）零件的形狀，以公差的中間值為基準。

　　• $20 \pm 0.1 \Rightarrow 20.0$

　　• $20^{0}_{-0.2} \Rightarrow 19.9$

② 如對材料阻燃性有要求，則以UL規格的V0標準以上、材料基本厚度1.5～3mm左右、顏色不拘為原則。

③ 對所有零件標上「基準體系」與「原點及座標系統」，仔細考量相關聯零件的原點及定位後，再決定形狀與公差。

　　原點的決定順序為：先決定產品的原點，再到單元零件，最後決定個別零件的原點。

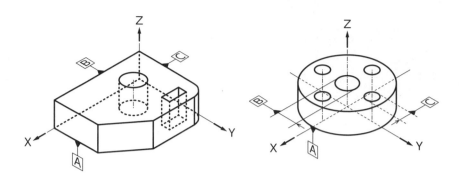

▲圖6.1.1 產品的基準及原點指示

④ 針對塑料成型品，需要考慮如何將成型品從模具中取出。原則上需對所有角落倒R角。

⑤ 鑄模製產品設計與其他加工產品設計相同，要求真平度的地方，不是指整體的面。而是限定一個面，或設定高低差並針對必要部分以最小區域做指示。

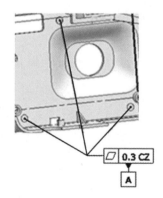

▲圖6.1.2 對產品進行最小區域指示的範例

⑥ 零件組裝處會集中承受應力，故針對該處設置鰭片（根部倒R角）或附有補強肋**3**的支柱。

---

3 或稱加強肋、加強筋等。指用於提升產品局部或整體強度的結構。

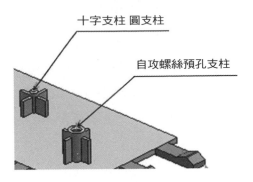

十字支柱 圓支柱

自攻螺絲預孔支柱

▲圖6.1.3 對產品設置鰭片（根部倒R角）
或附補強肋支柱的指示範例

⑦ 依照需求設置拔模角度。

為使成型零件能夠順利脫模（從模具中取出），設計時需要對模具與
成型零件的形狀接觸面設置一個角度。射出成型時為避免發生零件咬模
（指無法從模具中順利取出零件導致零件刮傷）等缺陷，建議設置拔模角
度如下：

- 垂直面至少需要設置0.5度的角度。
- 一般為1度。
- 如為接合面則需要3度以上。
- 如為輕（細）的咬花加工（PM-T1），必須設置3度以上的角度。
- 如為重（粗）的咬花加工（PM-T2），必須設置5度以上的角度。

▲圖6.1.4 拔模角度設置範例

⑧ 咬花加工

　　塑料成型模具中的咬花加工，可分為與成型零件接觸的模具表面上加上規則紋路的加工，以及加上皮革紋樣或木頭岩石紋理等不規則紋路的加工。其加工法有梨地加工（噴砂）、機械加工、電鑄、放電加工、精密鑄造等方法。電子、精密儀器業界中為了使成型品表面的傷痕及髒汙不顯眼，一般會在表面做梨地加工。

（1）模具的梨地加工有以下優點

- 可加工出精細且均勻的紋路。
- 可加工出複雜形狀。
- 可對多種材料進行加工。
- 加工過程簡單，也不需要花太多時間。

（2）於成型零件表面做咬花加工的理由

- 塑料產品表面柔軟容易刮傷，所以需要讓零件即便被刮傷也不易從外觀察覺。

  例 用於相機或印表機外殼。

- 賦予高級感。

  例 汽車內部零件中多有「皮紋」、「木紋」等設計。

- 增加表面磨擦力，使其不容易滑手。

  例 用於鍵盤、吹風機握把、滑雪杖等。

- 可讓成型時產生的熔接線或凹陷等缺陷，在外觀上較不明顯。

  有助於提高包含含品質、交期、成本等的生產性。

- 咬花加工後，成型品表面不需要另外塗裝。

  由於塗料中含有機溶劑，產品使用咬花加工亦有助於環保。

（3）咬花設計時需特別考慮

　　咬花面會讓成型後的產品不利於脫模，一般而言必須加大拔模角度。然而，由於咬花加工零件的材質、紋路等不同，難以將其表面特性化為具體數值，所以目前是透過製作咬花樣本的方式來進行咬花面的品管。JIS

規格中並未針對咬花做統一規範，本書所介紹的兩種咬花如下。這裡建議細咬花加工做3度以上、稍粗的咬花加工則做5度以上的拔模角度。

〔咬花種類〕

- **細咬花**：電子、辦公室設備產品中一般使用細咬花加工（使用微小粒子進行噴砂珠處理）。
- **稍粗咬花**：比細咬花稍微粗糙一點的咬花加工（使用中等大小的粒子進行噴珠處理）。

2. 鑄模製（外殼）零件需要具備的主要功能

① 保護內部零件。

② 為提高商品價值的外觀設計表現。

③ 安全性及形狀上便於使用、安裝時的穩定性。

④ 必須能夠隔絕內部結構所發出的噪音、雜訊、等干擾因子，並使其不致於逸散至外界。尤其是當內部發煙發火時，外殼零件必須能夠阻擋火勢延燒至外界。

鑄模製（外殼）零件除了能夠覆蓋隱藏內部結構之外，還可呈現出產品的外形或色彩等來吸引消費者目光，並確保產品能夠被安全地使用。在設計鑄模製（外殼）零件時必須提醒自己，能夠製作出發揮前述各項功能及特徵的設計規格及3D圖面。

6-② 設計範例

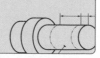

　　本節所提的設計範例為2014年起實施至今「設計大賽」中的範例。此大賽由公益社團法人日本設計工學會（JSDE）主辦、一般社團法人電子資訊技術產業協會（JEITA）提供後援，日本國內各大專院校隊伍皆有參賽。

　　「設計大賽」由大學（含研究所）／高等專門學校派出2名選手組成隊伍，1所學校最多可派出2組參賽隊伍。設計題目主要為電子、精密儀器業界產品的鑄模製外殼零件。本大賽旨在讓參賽學生透過使用幾何公差指示來較量彼此的3D設計能力。

　　設計大賽主要定位為產學合作專案，由JEITA三維CAD資訊標準化專門委員會提供技術支援，希望對工學的啟蒙與設計教育盡一份心力。筆者亦負責此設計大賽相關的培訓指導。由於參賽者為大專院校學生，大賽有提供賽前培訓講座，講座內容主要為「設計規格與機械設計的基礎」、「含統一公差指示在內的幾何公差」、「3DA模型指南3.0版」、「3DA模型模具工程協作指南1.2版」。

　　本大賽的特徵在於，並非僅讓參賽隊伍單方面提交設計成果，而是經由各參賽隊伍所提交的設計，針對學生對培訓內容理解程度來做評鑑；並透過提供學生改善建議等反饋，以培養未來的年輕機械技師人材。本節所解說的產品設計，定位為〈4-5 機械設計中的設計順序〉中的「產品功能審視」階段所進行的設計。由於本節所舉的範例出自設計經驗不足的學生，所以可能會有與實際情況不符合之處，望請海涵。不過本書所解說的範例皆已大致完成企劃／構想、要素審視、功能審視等流程，並從建立產品整體功能的設計階段著手。

　　內部組成零件的形狀及規格在功能審視階段中便已決定，詳如〈6-2-1 設計規格書〉。本大賽迄今為止的實施成果分為6大主題與約70多種範例，本書從中挑選出「手持式吸塵器之鑄模製外殼零件設計」的實際範例

（引用自設計大賽2017），說明學生如何針對設計規格做設計，以及評審如何對設計成果提出建議。

6-2-1 設計規格書

以下介紹2017年設計大賽中實施的「手持式吸塵器之鑄模製外殼零件設計」實際範例。

❶ 一般規格（引用自設計大賽2017）

① 設計對象

為一般使用者所使用的手持式吸塵器的外殼及其相關零件。

② 手持式吸塵器的使用方法

(a) 打開開關後從吸氣口吸氣，透過內建濾網將吸取的空氣從排氣口排出。

(b) 電源為充電式，並使用交流配接器插頭進行充電。

③ 保養性

為讓使用者能夠自行清理吸塵器內部累積的灰塵，吸塵器必須可進行以下操作：

(a) 於外殼某處設置可開闔的蓋、板等，使其結構上可清理內部累積的灰塵。

(b) 設置外殼處的蓋、板可開闔，並且可以取出濾網。

(c) 能夠在指定的位置上進行濾網的拆裝，而且無安裝錯誤之虞。

④ 安全性

加入安全機制，比照市售手持式吸塵器模式，依據操作說明書指示進行，正常操作時無受傷之虞（且於各種操作下無割傷等危險）。

⑤ 內建濾網的更換與內部累積灰塵的清理

(a) 使用者可自行更換濾網。

(b) 使用者可自行清理內部累積的灰塵。

(c) 設置於外殼處的蓋、板其操作保持力為1N±0.3N。

⑥ **環保措施**

符合REACH法規（關於化學品註冊、評估、許可和限制法案）及RoHS指令（危害性物質限制指令）。

符合3R原則（Reduse減少使用、Reuse物盡其用、Recycle循環回收）。

若為不同種類材料，必須可以分解。

如不清楚環境措施，請詳加調查並了解。

例 https://home.jeita.or.jp/eps/epsREACH.html

　　https://home.jeita.or.jp/eps/epsRoHS.html

⑦ **量產性**

設計時需要考量以下條件：

　為射出成型零件。

　產能可達每月10萬台以上。

⑧ **成本**

請自行計算以下成本：

外殼零件成本：　　　　　　　日圓以下

模具成本：　　　　　　　　　日圓以下

⑨ **外形尺寸**

長＋寬＋高≦750mm。

⑩ **重量**

外殼零件1與外殼零件2的總重量小於750g。

⑪ **材質**

內部零件1：由電子零件與金屬／塑膠零件的混合材質所構成。

密度：1.4（10^3Kg／m^3）。

濾網外框：PC-ABS等級：CY6414

設計外殼零件：材質必須符合UL94規格（符合94 V-0），可從以下5種材料中任選（需於規格中註明等級）。

(a) PMMA（聚甲基丙烯酸甲酯塑膠）：透明。

(b) ABS（ABS塑膠）：具備良好的表面光澤、尺寸穩定性、成型性。

(c) PET（聚對苯二甲酸乙二酯塑膠）：具備良好的再生性及通用性。

(d) PC（聚碳酸酯塑膠）：透明。

(e) PC ABS（聚碳酸酯 丙烯腈丁二烯苯乙烯共聚物的混合物）：具備良好的機械特性、耐衝擊性、耐熱性。

⑫ **外觀**

需對外殼零件1或外殼零件2其中最少任一零件指定PM-T1或PM-T2（這部分將於培訓中說明）的咬花加工。需考量拔模角度、外觀及功能後再行決定。

外觀顏色：不限。

⑬ **必要設計條件**

針對固定內部零件1用的外殼零件1，以及與外殼零件1成對的外殼零件2進行設計。

　※安裝外殼零件2時，需設定與外殼零件1的配置位置。

　※使用濾網兩處突起處配置外殼零件1或外殼零件2。

　※設置濾網吸氣至排氣的路徑，並注意內部累積的灰塵不可隨空氣一起被排出。

❷ **形狀相關設計規格（引用自設計大賽2017）**

以前述「（1）一般規格」的製作條件為基礎，已經決定好的零件只有內部零件1以及濾網此兩個零件。

其他零件由各隊伍依照需求設計規格與形狀（內部零件1與濾網的詳細形狀由大賽事務局提供3D數據）。

① 形狀規格1

內部零件1的材質，為電子零件與金屬／塑膠零件的混合材質。

(a) **圖6.2.1**為內部零件1從正面看及從背面看的形狀。

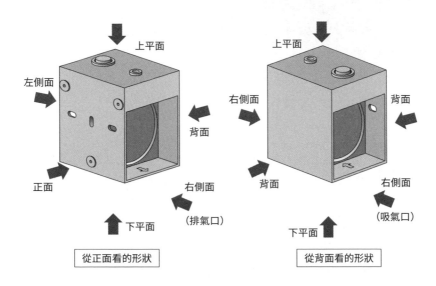

▲**圖6.2.1 內部零件1的形狀**（引用自設計大賽2017）

② 外殼零件1與內部零件1的定位－正面

如**圖6.2.2**所示，使用基準A、基準B、基準C將內部零件1安裝到外殼零件1上。並且以三處的基準平面A為準，使用M3螺絲將其固定。

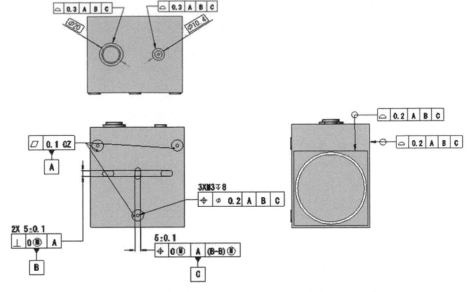

▲**圖6.2.2 內部零件1的圖面**（引用自設計大賽2017）

(a) **圖6.2.2**左側 φ20處為開關，右側 φ10.4處為充電用的接頭。

(b) 設計時需要注意可與外殼順利安裝。

(c) 設計與外殼的間隙時，需要留意安全性。

(d) 如未特別進行幾何公差指示處，使用JEITA規定的普通幾何公差
　　（GGTG2）（參照**表6.2.1**）。

此外，普通幾何公差請參照本書第146頁〈參考 統一公差指示〉。

▼表6.2.1 JEITA 普通幾何公差（引用自設計大賽2017）

JEITA 普通幾何公差 JEITA General Geometrical Tolerance Grade

公差等級 Tolerance Grade	公差確定尺寸 L 的區間（Classification of Decided Dimension for Tolerance）					
	L≦6	6＜L≦30	30＜L≦120	120＜L≦400	400＜L≦1000	1000＜L≦2000
GGTG 1	0.1	0.2	0.3	0.4	0.6	1
GGTG 2	0.2	0.4	0.6	1	1.6	2.4
GGTG 3	0.4	0.8	1.2	2	3	4
GGTG 4	1	1.4	2.4	4	6	8

③ 濾網定位

濾網外框材質為PC ABS等級：CY6414。

(a) 使用前述JEITA規定的普通幾何公差（GGTG2）。

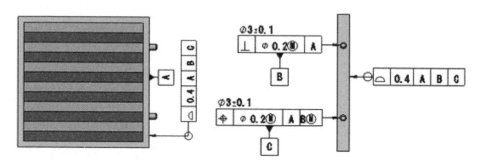

▲圖6.2.3 濾網圖面（引用自設計大賽2017）

④ 安全性

加入安全機制，比照市售手持式吸塵器模式，依據操作說明書指示，進行正常操作時無受傷之虞（且於各種操作下無割傷等危險）。

⑤ 濾網更換

(a) 使用者可以自行更換濾網。

(b) 濾網設置於內部，並於外殼處加裝蓋、板等。

(c) 蓋、板的操作保持力為1N±0.3N。

6-2-2 構想設計

通盤考慮如何將產品所需規格逐步化為現實的程序，即為構想設計。此程序不會從一開始就進行詳細設計，而是針對產品整體的設計方向進行審視。

以下繼續引用2017年實施的設計大賽中「手持式吸塵器之鑄模製外殼零件設計」的範例做說明。

（1）材料選擇

設計者在設計鑄模製零件時必須最先決定好的項目之一為材料的選擇。量產型零件由於材料的使用量大，所以設計者在採購時不僅需要考慮廠商與品質，還需要考量到成本。事先決定採購量，並於選擇材料時注意必須能夠趕上產品的生產時間。

重點檢查

☑ 符合UL規格。

☑ 符合環保法規（RoHS指令、REACH法規）的材質。

☑ 成型性（材料於熔化狀態時的流動性）。

☑ 價格（成本低廉）。

本範例中從設計規格中可知，設置於產品內部的內部零件1包含了抽氣馬達及開關等電子零件。規格書中並沒有標註發熱溫度，外殼零件為符合UL94規格（符合94 V-0）的材質，可從以下5種材料中任選（需於規格中註明等級）。

① PMMA（聚甲基丙烯酸甲酯塑膠）：透明。

② ABS（ABS塑膠）：具備良好的表面光澤、尺寸穩定性、成型性。

③ PET（聚對苯二甲酸乙二酯塑膠）：具備良好的再生性及通用性。

④ PC（聚碳酸酯塑膠）：透明。

⑤ PC ABS（聚碳酸酯 丙烯腈丁二烯苯乙烯共聚物之混合物）：具備
　良好的機械特性、耐衝擊性、耐熱性。

外殼零件的材料基於以下理由，選用PC ABS等級：CY6414。

- 有實際用於濾網外框的案例。
- 規格書中指定的阻燃性僅需壁厚1.2mm即可達成UL 94 V-0防火標
  準。
- 此為符合RoHS指令的材料。
- 收縮率及MFI（熔融指數）等特性亦符合成型性考量。

為供確認，記載以下材料特性。

▼表6.2.2 CY6414的材料特性（引用自沙特基礎工業公司日本合同會社型錄）

性質	單位	測試法	條件	CY6414
比重		D792	23℃	1.18
吸水率	%	D570	23℃、24 小時	0.2
成型收縮率	%	D955		0.4-0.7
負載變形溫度	℃	D468	1.82Mpa	118
阻燃性	mm	UL94	V-0	1.2
抗拉強度（降伏點）	Mpa	メーカー方法	23℃	63.8
抗拉強度（斷裂點）	%	メーカー方法	23℃	197
彎曲強度	Mpa	D790	23℃	101
彎曲彈性率	Mpa	D790	23℃	2,359
IZOD 耐衝擊強度	J/M	D256（1/8inch）	帶切口（23℃）	795
MFI	g/10min	D1238	260/5kg	14
螺旋流	mm	D3123	塑料溫度 260℃、 模具溫度 65℃、2mm 厚	245

注意：材料的選擇會直接影響產品成本，請與材料採購部門或決定產品材料的部門及負責人
　　　協調。

（2）審視整體構造

依照本書〈6-2-1 設計規格書〉所提的設計規格，針對外殼零件的組成與配置、外殼零件的大略結構等進行通盤考量。

重點檢查

☑ 外殼零件的主要尺寸與重量。

☑ 內部零件1與濾網的位置與安裝。

☑ 開口部的位置及開口方法。

☑ 外殼零件的分割。

外殼的單元功能需要滿足以下條件：

① 保護內部零件。

② 為提高商品價值的外觀設計表現。

③ 安全且外形便於使用；設置時的穩定性。

④ 可阻絕來自內部結構的噪音、雜訊、雜散光等干擾因子。

⑤ 內部發煙發火時，可阻絕火勢延燒至外部。

針對可滿足上述①～⑤功能的外殼單元零件，其大略零件配置及零件組成進行通盤考量。

① 主要大小與重量

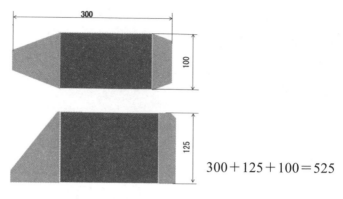

$$300＋125＋100＝525$$

▲圖6.2.4 大小與重量

〔外形尺寸〕

　　長＋寬＋高＝300＋125＋100＝525〔mm〕

　　設計規格小於750mm。

〔重量〕

　　材料的平均壁厚為1.5mm，比重：1.18，且整體體積包含補強肋等部分，故以1.5倍計算。

　　（30×10×12.5－29.7×9.7×12.2）×1.18×1.5＝416.4845〔g〕

　　設計規格小於750mm。

② 整體結構與配置

　　參賽隊伍在達成前述外殼單元零件功能後，針對大略零件配置提出了十多個方案，筆者從中挑選出前兩個方案進行審視如下（**圖6.2.5**、**圖6.2.6**）：

　　● **方案1**：將零件分割為集塵處、本體、握把等三部分。

　　　特徵：取出灰塵、清潔尖端吸嘴都很方便。

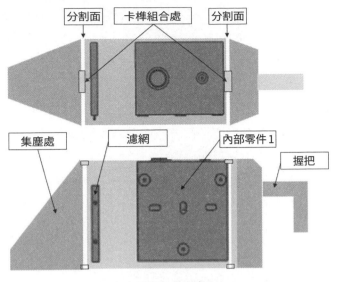

▲圖6.2.5 方案1

- **方案2**：集塵處、本體、握把為一體成型，分割為上下兩部分。
  特徵：零件數量與組裝步驟較少，可削減成本。

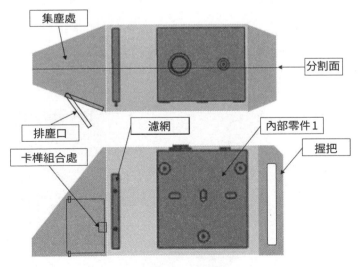

▲圖6.2.6 方案2

綜合審視結果，方案1雖然有易於取出灰塵及清潔內部的優點，但方案2透過加大排塵口開口處，亦可達到與方案1相同的效果，最終由於方案2所需的零件數量較少且製作成本較低，故採納方案2。

6-2-3 基本設計

基本設計是在關聯部門間進行各技術領域相關最終設計的程序，一名機械設計者必須依照產品、單元、零件的規格，考量生產性後進行設計。

以下接著針對2017年設計大賽中實施的「手持式吸塵器之鑄模製外殼零件設計」的實際範例進行解說。

重點檢查

☑ 相對於內部零件，確認外殼零件的配置。

☑ 確認各外殼零件的配置。

☑ 針對使用者操作部位的結構及操作保持力進行計算。

☑ 設計時需要考量模具條件。

（1）內部零件1的組裝

以內部零件1定義的基準A、基準B、基準C為基準，將內部零件1所對應的各個基準設定於外殼零件1上（參照**圖6.2.7**）。圖中箭頭表示，內部零件1與外殼零件的基準A、B、C相互對應。

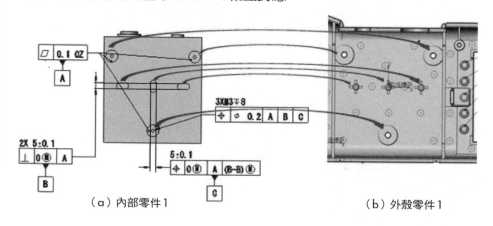

（a）內部零件1　　　　　　　　　（b）外殼零件1

▲圖6.2.7 內部零件的組裝

（2）濾網的組裝

　　以濾網定義的配置為基準，將濾網組裝至外殼零件2中（參照圖**6.2.8**）。圖中箭頭表示，濾網與外殼零件2的基準A、B、C相互對應。

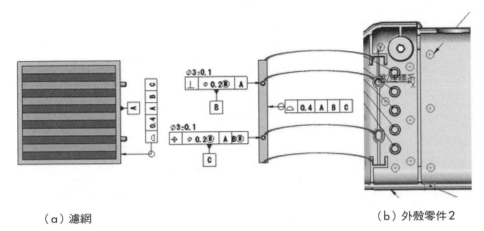

（a）濾網　　　　　　　　　　　　　　　　　　（b）外殼零件2

▲圖6.2.8 濾網的組裝

（3）外殼零件1與外殼零件2的組裝

　　以外殼零件1中兩處定位柱為基準，透過外殼零件2的孔與槽進行配置（參照圖**6.2.9**）。圖中箭頭表示，外殼零件1與外殼零件2的基準A、B、C相互對應。

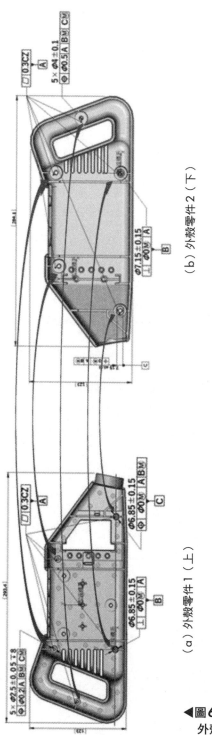

（a）外殼零件 1（上）

（b）外殼零件 2（下）

◀圖6.2.9 外殼零件1與
　外殼零件2的組裝

126

（4）審視集塵處排塵口的卡扣接合處

審視蓋、板開闔所需的操作保持力。規格書中規定使用時的操作保持力為1N±0.3N。在規格範圍內設置卡扣接合處，並審視卡扣是否可拆卸。

- 形態
  採用拆裝簡單、與外殼零件一體成型且可以壓低製作成本的卡扣設計。
- 保持力
  如**圖6.2.10**所示，懸臂梁尖端荷重的計算，

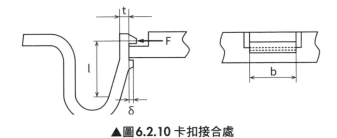

▲圖6.2.10 卡扣接合處

假設卡扣接合處的保持力為F〔N〕，則：

$$F = \frac{\delta \times 3EI}{l^3} \text{〔N〕}$$

l、δ、b、t分別為：

l ：至荷重F為止的作用點距離＝22〔mm〕

δ ：變形量（卡扣咬合處長度）＝1.0〔mm〕

E ：彎曲彈性率＝2359（取自CY6414的材料特性）〔Mpa〕

I ：截面二次軸距，可由下面公式求得：

$$I = \frac{b \times t^3}{12}$$

b ：卡扣接合處寬度＝10〔mm〕

t ：卡扣接合處厚度＝1.2〔mm〕

卡扣接合處的保持力 F〔N〕如下：

$$F = \frac{\delta \times 3E \times \frac{b \times t^3}{12}}{l^3}$$

$$F = \frac{1 \times 3 \times 2359 \times \frac{10 \times 1.2^3}{12}}{22^3}$$

$F = 0.957$〔N〕，

符合操作保持力1N±0.3N的設計規格。

重點檢查

☑ 是否理解幾何公差的基礎知識。

☑ 是否理解內部零件之安裝零件的幾何公差指示與公差。

☑ 是否理解外殼零件之各零件組裝時的幾何公差指示與公差。

☑ 是否理解含統一公差指示在內的幾何公差。

（5）審視模具條件

　　鑄模製零件的設計不同於切割加工製零件，設計時需要考量到模具條件。若模具中的流道有局部過窄，則塑料無法注滿細部，將會導致成型後溫度下降而造成收縮與變型。另外，若拔模角度不足且形狀複雜時，會導致無法自模具中取出成型零件而產生各種缺陷。

重點檢查

☑ 凹陷對策。

☑ 頂針指示。

☑ 分模線指示。

☑ 外觀設計處的拔模角度指示。

外殼單元必須滿足以下功能：

① 凹陷對策

　　設計時需讓材料厚度均勻，沒有厚度不一的情形。

② 頂針指示

　　設置於模芯側，並注意零件的平衡。

③ 分模線（PL）指示：設計時於圖面上指示分模線及倒勾處滑塊
　　等，使其形狀可順利脫模。

④ 外觀設計處的拔模角度指示：外觀設計處的拔模角度設為3度；咬
　　花處由於不易脫模，故拔模角度設為3度以上。

以下為針對外殼零件1、2的模具條件進行審視後所採取的應對方式範
例。

外殼零件1的應對方式（參照**圖6.2.11**）：

● 凹陷對策：設基準厚度為3mm，透過外殼、補強肋、基準面等防止
　　凹陷。

● 頂針（Ejection Pin）：於模芯側設置39處直徑 ϕ 5的頂針，以分散
　　頂出力道。

● 分模線：於可脫模處指定分模線，並於圖面上指示滑塊處。

● 澆口部分設定為側狀澆口，可消除澆口痕跡。由於側狀澆口塑料填
　　充時較難填滿模具細部，故設置兩處澆口。

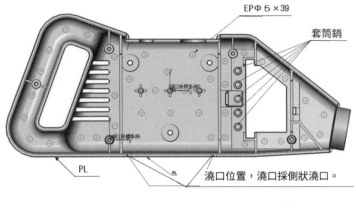

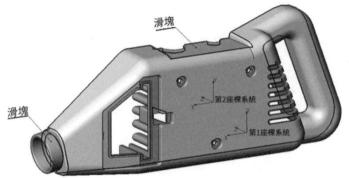

▲圖6.2.11 外殼零件1的模具條件應對方式
（引用自設計大賽2017）

外殼零件2的應對方式（參照**圖6.2.12**）：

● 同外殼零件1

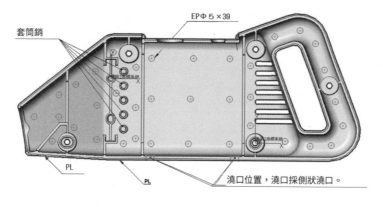

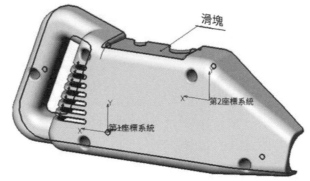

▲圖6.2.12外殼零件2的模具條件應對方式
（引用自設計大賽2017）

6-2-4 詳細設計

　　詳細設計指的是，製作單元與零件時最終規格與最終圖面的製作程序
（定義設計模型的基準及幾何公差）。

　　本次設計大賽（設計大賽2017）所使用的CAD為全球產業界常用的
CATIA、NX、Creo Parametoric、SOLIDWORKS等軟體。以下所示的詳
細圖面中，3D模型的形狀並不會因使用不同3D CAD軟體而有所不同，但
由於各個CAD功能不同，幾何公差圖面的表示法可能會有差異。

幾何公差指示採用以JIS B 0060-5為基礎，由日本JEITA三維CAD資訊標準化專門委員會所訂定的標準化規格「含統一公差指示在內的幾何公差」。這裡提到的「統一公差指示」，可視為以普通幾何公差取代過去在尺寸公差圖面中所使用的普通尺寸公差即可。詳情請參照本書末尾的〈參考 統一公差指示〉。

　　「統一公差指示」是為了讓幾何公差圖面容易理解，並能夠有效活用於圖面的製作及應用，由JEITA三維CAD資訊標準化專門委員會所開發的規格。定義JEITA普通幾何公差時，必須於標題欄中或標題欄附近明確標示所採用的公差等級為GGTG1～GGTG4共4階段中的哪個階段。

重點檢查

☑ 是否理解幾何公差的基本知識。

☑ 是否理解內部零件之安裝零件的幾何公差指示與公差。

☑ 是否理解外殼零件之各零件組裝時的幾何公差指示與公差。

☑ 是否理解含統一公差指示在內的幾何公差。

（1）組合完成狀態

　　圖**6.2.13**為所有零件組合完成後的狀態。以此狀態確認各零件之間的相互配置、餘隙、干涉等。

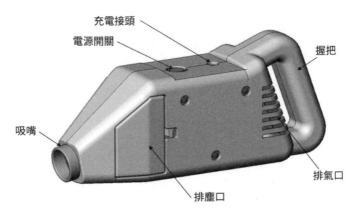

▲圖**6.2.13 組合完成狀態**（引用自設計大賽2017）

（2）內部零件與濾網的組裝狀態

　　圖**6.2.14**為內部零件2與濾網組合完成後的狀態。確認內部零件的配置與零件之間的餘隙、干涉等。

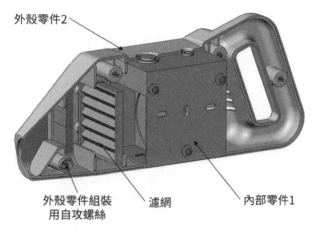

外殼零件2

外殼零件組裝
用自攻螺絲

濾網

內部零件1

▲圖**6.2.14**　內部零件與濾網的組裝狀態
（引用自設計大賽2017）

（3）外殼零件1的圖面

　　本次設計（設計大賽2017）中，採用JEITA普通幾何公差的公差等級GGTG2，角落部分則採JEITA普通幾何公差的公差等級Grade F（精密級）。

　　圖**6.2.15**至圖**6.2.19**所示為外殼零件1的圖面。

角落的JEITA普通幾何公差
JEITA General Geometrical Tolerance Grade for Edge

公差等級 Tolerance Grade	角落 C、R尺寸 X 的區間 Classification of C,R Size for Edge		
	0 < X ≦ 0.5	0.5 < X ≦ 3	3 < X ≦ 6
Grade F（精密級）	◖ 0.2	◗ 0.4	◡ 1
Grade N（中級）	◖ 0.4	◗ 0.8	◡ 1.2

JEITA普通幾何公差 JEITA General Geometrical Tolerance Grade
（塑料成型零件 Plastic molding parts）

公差等級 Tolerance Grade	公差確定尺寸 L 的區間 Classification of Decided Dimension for Tolerance					
	L ≦ 0.6	6 < L ≦ 30	30 < L ≦ 120	120 < L ≦ 400	400 < L ≦ 1000	1000 < L ≦ 2000
GGTG 1	0.1	0.2	0.3	0.4	0.6	1
GGTG 2	0.2	0.4	0.6	1	1.6	2.4
GGTG 3	0.4	0.8	1.2	3	3	4
GGTG 4	1	1.4	2.4	4	6	8

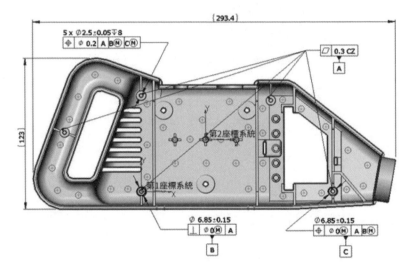

1. 3D模型的尺寸不論標示與否，皆為理論正確尺寸（TED）。
2. 附帶公差的尺寸，為使用兩點測量所得的兩點尺寸。
3. C、R尺寸小於6，為角落的JEITA普通幾何公差的Grade F（精密級）。
4. 毛邊需小於0.1。
5. 頂出痕跡不可有凸痕，凹痕需小於0.2。
6. 材質顏色為黑色。
7. 阻燃性：UL94-V0。
8. 基準厚度為3。

JEITA DS 1 | A | B | C
JEITA DS 2 | D | E-F | G

普通拔模角度基準表

產品形狀	轉印產品形狀用的模具之結構					
	模穴		模芯		滑塊部	
	基準位置	角度	基準位置	角度	基準位置	角度
一般錐面	深處	2°	模穴側產品面起 基準壁厚1.5mm		深處	2°
補強肋	根部	1°	根部	1°	根部	1°
支柱	尖端	1°	尖端	1°	尖端	1°
孔	深處	1°	深處	1°	深處	1°
PL高低差	深處	1°	深處	1°	深處	1°
L字爪	深處	3°	深處	3°	深處	3°

公差方式 TOLERANCING PRINCIPLE	普通公差 GENERAL TOLERANCES JEITA ET-51102 GGTG 2				
材質 MATERIAL ABS等級：CEVIAN SKG20	名稱 TITLE 外殼零件2				
JEITA 3D ISTEC	零件編號 ITEM NO.				
核可 Apr.	審查 Rev.	設計 Deg.	負責人 Stf.	製造日期 DATE 2017.6.21	

▲圖6.2.15 外殼零件1
（引用自設計大賽2017）

〔製圖重點〕

- 在最能清楚判讀外殼零件1整體形狀的圖面（參照**圖6.2.15**）中，載明標題欄（註明零件名稱及設計者等）、JEITA普通幾何公差、角落的JEITA普通幾何公差、基準優先順序、註解等。
- 設置幾何公差時需注意，標示不要重疊而影響判讀。
- 設定三平面基準體系與座標系統。
- 使用幾何公差對外殼零件1與2的配置進行指示。
- 透過內部零件1的基準，將內部零件1的組裝基準以幾何公差指示於外殼零件1上（參照**圖6.2.16**）。
- JEITA普通幾何公差、角落的JEITA普通幾何公差以外需要指示的特徵，以幾何公差進行指示。

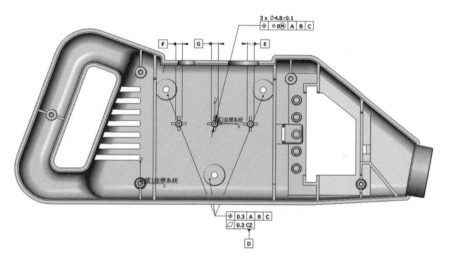

▲**圖6.2.16 內部零件1的組裝指示圖面**
（引用自設計大賽2017）

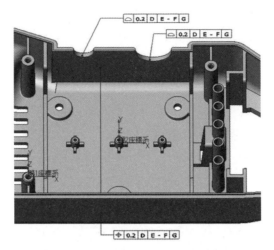

▲圖6.2.17 電源開關及充電接頭的位置關係圖
（引用自設計大賽2017）

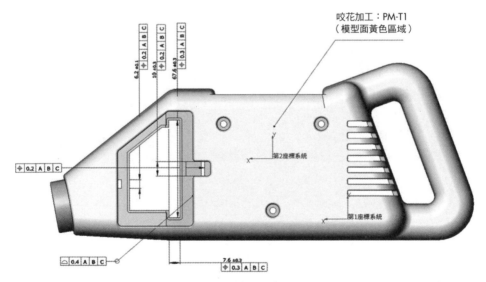

▲圖6.2.18 排塵口的關係圖
（引用自設計大賽2017）

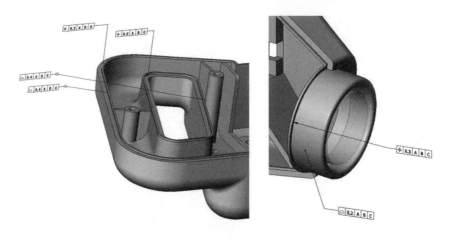

▲圖6.2.19 握把與吸嘴的關係圖
（引用自設計大賽2017）

（4）外殼零件2的圖面

本次設計（設計大賽2017）中，採用JEITA普通幾何公差的公差等級GGTG2，角落部分則採JEITA普通幾何公差的公差等級Grade F（精密級）。

圖6.2.20至圖6.2.23所示為外殼零件2的圖面。

角落的JEITA普通幾何公差
JEITA General Geometrical Tolerance Grade for Edge

公差等級 Tolerance Grade	角落C、R尺寸X的區間 Classification of C,R Size for Edge		
	0 < X ≦ 0.5	0.5 < X ≦ 3	3 < X ≦ 6
Grade F（精密級）	⌐ 0.2	⌐ 0.4	⌐ 1
Grade N（中級）	⌐ 0.4	⌐ 0.8	⌐ 1.2

JEITA普通幾何公差 JEITA General Geometrical Tolerance Grade
（塑料成型零件 Plastic molding parts）

公差等級 Tolerance Grade	公差確定尺寸L的區間 Classification of Decided Dimension for Tolerance					
	L ≦ 0.6	6 < L ≦ 30	30 < L ≦ 120	120 < L ≦ 400	400 < L ≦ 1000	1000 < L ≦ 2000
GGTG 1	0.1	0.2	0.3	0.4	0.6	1
GGTG 2	0.2	0.4	0.6	1	1.6	2.4
GGTG 3	0.4	0.8	1.2	3	3	4
GGTG 4	1	1.4	2.4	4	6	8

N（中眼） ⌐ 0.4 ⌐ 0.8 ⌐ 1.2	GGTG 4	1	1.4	2.4	4	6	

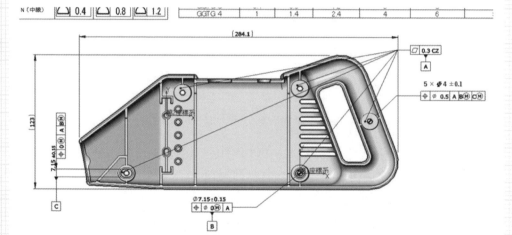

1. 3D模型的尺寸不論標示與否，皆為理論正確尺寸（TED）。
2. 附帶公差的尺寸，為使用兩點測量所得的兩點尺寸。
3. C、R尺寸小於6，為角落的JEITA普通幾何公差的Grade F（精密級）。
4. 毛邊需小於0.1。
5. 頂出痕跡不可有凸痕，凹痕需小於0.2。
6. 材質顏色為黑色。
7. 阻燃性：UL94-V0。
8. 基準厚度為3。

JEITA DS 1	A	B	C
JEITA DS 2	D	E	F

普通拔模角度基準表

產品形狀	轉印產品形狀用的模具之結構					
	模穴		模芯		滑塊部	
	基準位置	角度	基準位置	角度	基準位置	角度
一般錐面	深處	2°	模穴側產品面起 基準壁厚1.5mm		深處	2°
補強肋	根部	1°	根部	1°	根部	1°
支柱	尖端	1°	尖端	1°	尖端	1°
孔	深處	1°	深處	1°	深處	1°
PL高低差	深處	1°	深處	1°	深處	1°
L字爪	深處	3°	深處	3°	深處	3°

公差方式 TOLERANCING PRINCIPLE	普通公差 GENERAL TOLERANCES JEITA ET-51102 GGTG 2
材質 MATERIAL ABS等級：CEVIAN SKG20	名稱 TITLE 外殼零件2
JEITA 3D ISTEC	零件編號 ITEM NO.

核可 Apr.	審查 Rev.	設計 Deg.	負責人 Stf.	製造日期 DATE 2017.6.21

▲圖 6.2.20 外殼零件 2
（引用自設計大賽 2017）

〔製圖重點〕

- 在最能清楚判讀外殼零件2整體形狀的圖面（參照**圖6.2.20**）中，載明標題欄（註明零件名稱及設計者等）、JEITA普通幾何公差、角落的JEITA普通幾何公差、基準優先順序、註解等。
- 設置幾何公差時需注意，標示不要重疊而影響判讀。
- 設定三平面基準體系與座標系統。
- 使用幾何公差對外殼零件1與2的配置進行指示。
- 透過濾網零件的基準，將濾網的組裝基準以幾何公差指示於外殼零件2上（參照**圖6.2.21**）。
- JEITA普通幾何公差、角落的JEITA普通幾何公差以外需要指示的特徵，以幾何公差進行指示。

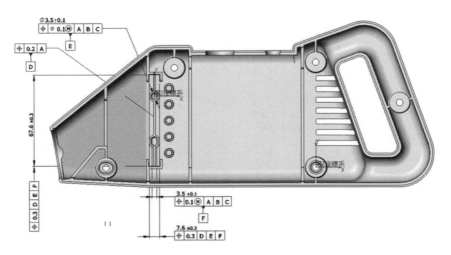

▲**圖6.2.21 濾網安裝圖面**（引用自設計大賽 2017）

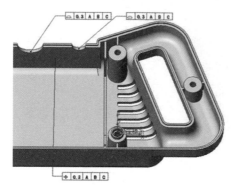

▲圖 6.2.22 電源開關及充電接頭的位置關係圖
（引用自設計大賽 2017）

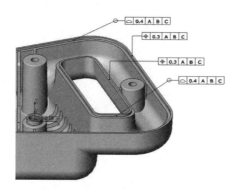

▲圖 6.2.23 握把部
（引用自設計大賽 2017）

6-2-5 設計大賽2017年參賽隊伍設計實例

　　前面以過去6年中實施的設計大賽其中一個實際範例做介紹，接下來介紹參加同一主題（手持式吸塵器）的其他13組隊伍所提出的模型（參照**圖6.2.24**）。

　　可以看出學生們在依照指定的設計課題（相同設計規格）之外，各隊伍都有各自的新增規格，以及實現該規格的獨特設計。

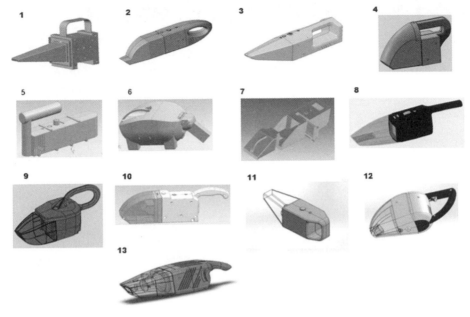

▲圖 6.2.24 設計大賽 2017 的設計實例
（引用自設計大賽 2017）

6-③ 鑄模製零件設計的未來

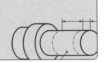

透過前面的設計大賽實際範例可知，使用幾何公差指示的3D模型來呈現設計意圖，是避免造成混淆的最佳手段。由於鑄模製零件使用模具成型，需要對角落倒R角，所以在產品設計階段中通常無法針對面與面的接合處形狀做詳細指示。此時，可參考書末所附參考資料〈JEITA普通幾何公差〉與〈角落的形狀公差〉的說明。當這兩種公差符合設計值時，即使不特別做幾何公差指示，亦可適用〈JEITA普通幾何公差〉與〈角落的形狀公差〉。此規格目前僅使用於JEITA業界團體，但筆者認為對一名設計者而言，此規格可以有效增加設計作業的效率。

6-3-1 使用「JEITA普通幾何公差」的圖面特徵

　　圖**6.3.1**為未使用「JEITA普通幾何公差」的2D圖面、圖**6.3.2**為使用「JEITA普通幾何公差」的3D圖面。3D圖面中，由於有標示各特徵的位置資訊，因此，僅需記載有指示必要的幾何公差即可。可以說是非常容易理解的圖面。

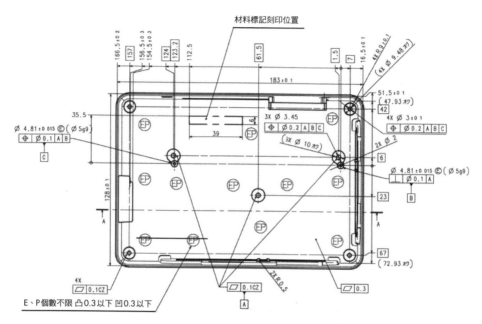

▲圖**6.3.1 2D**圖面範例（引用自設計大賽2014）

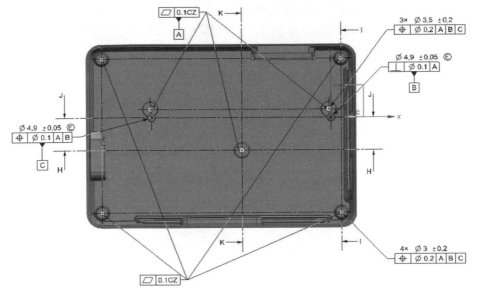

▲圖6.3.2「JEITA普通幾何公差」的3D圖面範例
（引用自設計大賽2014）

6-3-2 使用「JEITA普通幾何公差」圖面的設計效果

　　有關圖面上必要記載的幾何公差、尺寸、註釋、隱藏線，針對其數量及記載所花費的時間，曾於設計大賽2014中進行過驗證，以下簡單介紹。

　　在本次驗證中所得出的結論為：設計者在製作圖面時，在3D圖面中使用「JEITA普通幾何公差」，與2D圖面相比，標示數量及標示所需時間皆減少為原來的1／5。此結果對設計者而言可謂效果顯著（參照**表6.3.1**）。

▼表6.3.1 標示數量及標示所需時間比較

H：小時

項目	種類	2D圖面		3DA	
		標示數量	時間H（參考）	標示數量	時間H（參考）
幾何公差	幾何公差／基準系統	21	0.5	23	0.6
尺寸	重要尺寸（個別公差指示）	64	2.13	18	0.6
	再現形狀的尺寸	121	3.03	0	0
註釋	補足形狀指示	49	3.27	5	0.3
	要求規格（載重／扭力值等）	0	0	5	0.3
隱藏線移除		255	3.0	51	0.5
合計		510	11.93H	102	2.3H

6-3-3 測量過程中使用「JEITA普通幾何公差」的圖面效果

使用「JEITA普通幾何公差」的3D圖面有內建的幾何公差指示，不需要針對所有地方個別做幾何公差指示。由於所有特徵都有幾何公差定義，所以測量部門可將測量工作做系統化自動處理。JEITA三維CAD資訊標準化委員會在2013年的實測專案／共同活動中為了驗證而做了一個實驗，比較傳統2D圖面標示與使用「JEITA普通幾何公差」的3D圖面標示的測量時間。測量儀器使用接觸式測量儀器及非接觸式測量儀器，後者為模具成型品前期投入階段中的明日之星。**圖6.3.3**為當時的驗證結果。

使用「JEITA普通幾何公差」的3D圖面與2D圖面相比，有關測量時間，接觸式測量儀器減少27％，非接觸式測量儀器減少48％。對測量操作者而言都可以說是效果顯著。

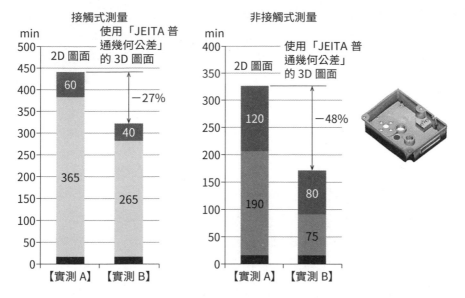

▲圖6.3.3 2D圖面與使用「JEITA普通幾何公差」的3D圖面各自測量時間比較

6-3-4 鑄模製零件設計的未來

　　前述驗證實驗雖然僅針對單一零件的設計與測量，但結果證明在3D
圖面中使用「JEITA普通幾何公差」，可以有效減少所需時間。期待在未
來的鑄模製零件設計中能夠透過使用「JEITA普通幾何公差」及「角落的
形狀公差」來提高設計效果。為此，也期待「JEITA普通幾何公差」能夠
跨出業界規格，進而被納入JIS及ISO標準中。

參考

統一公差指示方式

　　二維圖面受惠於從紙面設計圖進化到3D CAD的數位資料（3D圖面），如今即使不在圖面中的形狀上記載尺寸，在3D CAD中也能讀取尺寸。圖面也因此變得更加容易理解。並且為了增加製圖應用上的效率，關於把二維圖面上的尺寸和尺寸公差省略的這種運用方法，開始被採用。

　　設計大賽中採用的「統一公差指示方式」為JEITA三維CAD資訊標準化專門委員會制定的規格，此規格是把過去被運用在二維圖面的公差省略法，套用到幾何公差圖面的規格中。

　　以下針對使用統一公差指示方式時的規則做簡單介紹。

　　「JEITA普通公差」，是「JEITA普通幾何公差」、「JEITA普通尺寸公差」、「角落的形狀公差」的總稱。以下針對「JEITA普通幾何公差」與「角落的形狀公差」做介紹。

1. JEITA普通幾何公差

（1）在圖面上使用JEITA普通幾何公差時，於圖面的標題欄（參照**參考圖1**）標明規格名稱及等級，或規格名稱及公差值等（使用標準：JEITA ET-5102：2020，基準的優先順序：DS1：
A B C 、公差等級：GGTG2等）。

JEITA 3D ISTEC			文件類型 DOCUMENT TYPE ANNOTATED DESIGN MODEL		頁 SHEET 1／1
零件編號 ITEM NO. ISTEC 0001			名稱 TITLE 樣品1 SAMPLE 1		
普通公差 GENERAL TOLERANCES JEITA ET-5102：2020			材質 MATERIAL ＊＊＊＊＊＊		
JEITA 普通幾何公差 DS1：|A|B|C|（GGTG 2）			JEITA普通尺寸公差、角落的普通幾何公差 GSTGE 1、E：F		
核可 Apr.	審查 Rev.	設計 Deg.	負責人 Stf.	製作日期 DATE	

▲**參考圖1 標題欄**（引用自JEITA ET5102：2020）

（2）於圖面中附加**參考表1**所示的JEITA普通幾何公差等級表。

▼**參考表1 JEITA 普通幾何公差**（引用自JEITA ET5102：2020）

JEITA普通幾何公差 JEITA General Geometrical Tolerance Grade
（塑料成型零件 Plastic molding parts）

公差等級 Tolerance Grade	公差確定尺寸L的區間 Classification of Decided Dimension for Tolerance						
	L≦0.6	6＜L≦30	30＜L≦120	120＜L≦400	400＜L≦1000	1000＜L≦2000	2000＜L≦4000
GGTG 1	0.1	0.2	0.3	0.4	0.6	1	1.5
GGTG 2	0.2	0.4	0.6	1	1.6	2.4	3.6
GGTG 3	0.4	0.8	1.2	3	3	4	6
GGTG 4	1	1.4	2.4	4	6	8	12

註解：「GGTG」表示「General Geometrical Tolerance Grade」

（3）個別的幾何公差指示優先於統一幾何公差指示。

（4）無個別公差指示的特徵，適用統一公差指示。

（5）三平面基準體系構成一座標系統，以此座標系統原點至公差確定尺寸（L）的距離圍成最小長方體。欲界定L值的區間來確定對應的公差值時，L值圍成的最小長方體，必須完全落在參考表1中的L值區間邊界值（邊界值＝6、30、120…等）所圍成的立方體內（亦即，將距離原點最遠的特徵之座標定為L值，根據參考表1確定其所屬區間的公差值）。

鑄模製零件設計

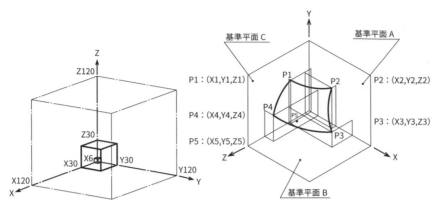

▲參考圖**2** 特徵與公差區間的關係圖（引用自JEITA ET5102：2020）

（**舉例**）

- 三平面基準體系中存在一曲面特徵，其座標位置分別為P1、P2、P3、P4、P5，將5個座標中距離座標軸原點最遠的座標定為L值，確定該曲面特徵的L值區間對應的公差值（參照**參考圖2**）。

（6）三平面基準體系構成的座標中存在一圓或球體，將原點至圓或球體中心位置的最遠座標定為L值，界定其所屬的L值區間公差。

（7）圓或球體的尺寸的L值區間公差，以圓或球體的直徑為L值。

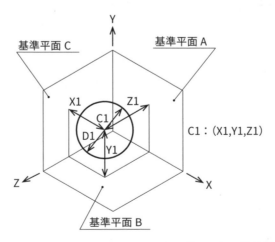

▲參考圖**3** 圓或球體的位置與**L**值區間公差的關係圖
（引用自JEITA ET5102：2020）

（舉例）

- 欲確定位置的L值區間的公差，以X1、Y1、Z1中最大的值為L值。
- 欲確定圓或球體的尺寸的L值區間的公差，以圓或球體的直徑D1為L值（參照**參考圖3**）。

（8）使用JEITA普通幾何公差的圖面範例

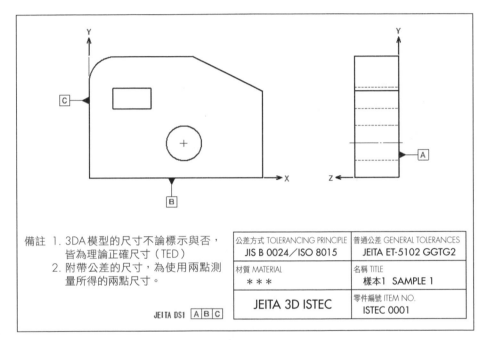

公差方式 TOLERANCING PRINCIPLE	普通公差 GENERAL TOLERANCES
JIS B 0024／ISO 8015	JEITA ET-5102 GGTG2
材質 MATERIAL	名稱 TITLE
＊＊＊	樣本1 SAMPLE 1
JEITA 3D ISTEC	零件編號 ITEM NO. ISTEC 0001

備註 1. 3DA模型的尺寸不論標示與否，皆為理論正確尺寸（TED）
2. 附帶公差的尺寸，為使用兩點測量所得的兩點尺寸。

JEITA DS1　A B C

▲參考圖4 使用JEITA普通幾何公差中公差等級GGTG2的圖面
（引用自JEITA ET5102：2020）

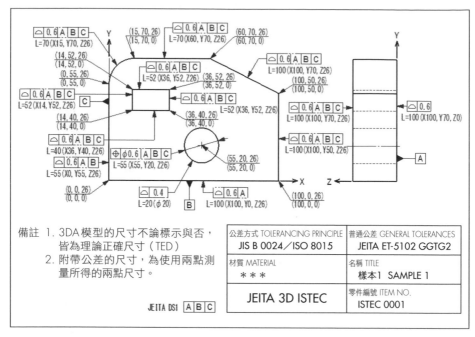

▲參考圖5 參考圖4中定義的公差的指示範例（引用自JEITA ET5102：2020）

設計者製作圖面時，僅需定義**參考圖4**所記載的內容即可。**參考圖4**的指示中，除了**參考圖5**的基準A、B、C以外，個別指示的幾何公差皆已定義。實際圖面中並不會像參考圖5那樣記載。

2. 角落（外角、內角）的JEITA普通幾何公差

設計零件角落處的倒C角或倒R角時可使用「JEITA普通幾何公差」。如不使用「JEITA普通幾何公差」指示角落的形狀公差等級，可使用以下方法：

（1）製作模型時角落無倒角或倒R角時的指示方法

製作模型時如不對角落倒角或倒R角時，其規格視為在註解中記載為省略形狀的「無指示角落」，並適用「公差確定尺寸E的區間」的Grade F（精密級）。

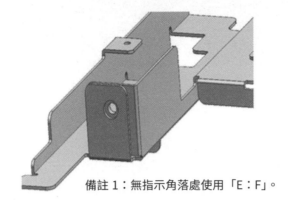

備註 1：無指示角落處使用「E：F」。

▲**參考圖6 角落指示範例**（引用自JEITA ET5102：2020）

（2）使用模型製作角落形狀時的指示方法

使用模型製作角落形狀時，應以形狀公差的曲面輪廓度做統一指示。

6mm以下的角落模型尺寸E可分為：$0 < E \leqq 0.5$、$0.5 < E \leqq 3$、$3 < E \leqq 6$ 等3個區間，於註解中記載選擇Grade F（精密級）或Grade N（中級），並對「曲面輪廓度」的公差等級做指示。

▼**參考表3 角落的JEITA普通幾何公差表**（引用自JEITA ET5102：2020）

JEITA角落的普通形狀公差
JEITA General Geometrical Tolerance Grade to Edge surface profile

公差等級 Tolerance Grade	公差確定尺寸E的區間 Classification of Decided Dimension for Tolerance		
	$E \leqq 0.5$	$0.5 < E \leqq 3$	$3 < E \leqq 6$
Grade F（精密級）	0.2	0.4	1
Grade N（中級）	0.4	0.8	1.2

註解：「GGTGE」表示「General Geometrical Tolerance Grade to Edge surface profile」。

此外，標題欄中角落的JEITA普通幾何公差指示範例詳見**參考圖1**。

後記

　　儘管日本市面上已經出版許多有關鑄模製零件及沖壓製零件的書籍，但產品設計相關的技術資料仍屬罕見。產品設計往往都是在進入企業後，才會一邊進行產品及單元的設計，一邊跟著職場前輩在職訓練來學習。而在職訓練的內容由於包含了該企業的產品開發手法，所以多數為非公開資訊。本書為筆者長年從事產品設計所獲得的設計技術彙整而成的資料，特別希望讓設計經驗不足的技師或即將進入職場的各位讀者，能夠理解不同技術領域的設計者如何一步步打造出一項產品，並期待能夠為產業界的製造業略盡一份心力。

　　日本產業界自從正式引進3D CAD以來已經過了20多年。設計部門不用說，如今生產部門也開始應用數位資料來製造產品。要如何將累積至今的製造技術及訣竅等應用在未來的製造業上，今後正是關鍵時刻。為此，讓應用了3D數據的數位工程環境能夠充分發揮並強化數位基礎建設，可說是極其重要。

　　希望讀者在閱讀本書後能夠進一步深化對產品設計的理解。同時，也盼望愈來愈多的年輕人能夠對產品設計產生興趣，並且萌生想要從事產品設計的念頭。

謝詞

　　本書於發行之際，承蒙「設計大賽」（由公益社團法人日本設計工學會（JSDE）主辦、一般社團法人電子資訊技術產業協會（JEITA）三維CAD資訊標準化專門委員會技術支援）中擔任培訓指導的各位先進鼎力相助，不吝提供諸多參考資料，該資料用於本書第6章的設計範例中。

　　關東學院大學的金田徹教授曾大力推薦筆者出版本書，並於本書編纂時提供諸多指導及多方協助。在此謹表感謝之意。

　　此外，承蒙明治大學的館野壽丈教授、柯尼卡美能達股份有限公司的大西隆志先生及後地孝彥先生、日立製作所股份有限公司的武田秀和先生、原先任職於富士軟片資訊股份有限公司的高橋保人先生等人接受原稿審校的委託，在此亦深表謝意。

　　再次鄭重感謝公益社團法人日本設計工學會事業部會、以及一般社團法人電子資訊技術產業協會三維CAD資訊標準化專門委員會的各位先進不吝提供各種協助。

参考書目

〔規格〕

● ISO16792：2015 Technical product documentation-Digital product definition data practices

● ISO14660：Geometrical Product specifications（GPS）-Geometrical features

● JIS B 0021:2018 製品の幾何特性仕様（GPS）- 幾何公差表示方式 - 形状、姿勢、位置及び振れの公差表示方式

● JIS B 0060-1：2015 デジタル製品技術文書情報 - 第 1 部：総則

● JIS B 0060-2：2015 デジタル製品技術文書情報 - 第 2 部：用語

● JIS B 0060-3：2017 デジタル製品技術文書情報 - 第 3 部：3DA モデルにおける設計モデルの表し方

● JIS B 0060-4：2017 デジタル製品技術文書情報 - 第 4 部：3DA モデルにおける表示要求事項の指示方法 - 寸法及び公差

● JIS B 0060-5：2020 デジタル製品技術文書情報 - 第 5 部：3DA モデルにおける幾何公差の指示方法

〔文獻・資料〕

● JEITA ET5102:2020 3DA モデル規格：データム系、JEITA 普通幾何公差

● 電子情報技術産業協会（JEITA）三次元 CAD 情報標準化専門委員会：3DA モデルガイドライン - 3DA モデル作成及び運用に関するガイドライン - Ver.3.0

● 電子情報技術産業協会（JEITA）三次元 CAD 情報標準化専門委員会：3DA モデル金型工程連携ガイドライン：プラスチック部品編 Ver1.2

● 設計コンテスト研修資料：公益社団法人 日本設計工学会主催 一般社団法人 電子情報技術産業協会（JEITA）三次元 CAD 情報標準化専門委員会技術支援「設計コンテスト」2017 年度版研修資料

● 設計コンテスト事例：公益社団法人 日本設計工学会主催 一般社団法人 電子情報技術産業協会（JEITA）三次元 CAD 情報標準化専門委員会 技術支援「設計コンテスト」2017 年度版事例

● Society 5.0：内閣府ホームページ／内閣府の政策／科学技術政策／Society 5.0 で実現する社会より

● 髙橋俊昭：JEITA 設計コンテスト 2014 – JEITA 3DA モデルガイドランは設計にたつのか、日本設計工学会誌（2015 年）

● 金田徹：DTPD（3D 製図）規格（その現状と今後）、精密工学会誌、Vol.83、No.8（2017 年）

● 髙橋俊昭：産学連携による設計コンテスト、精密工学会誌、Vol.83、No.8（2017 年）

● 髙橋俊昭：3D 図面と非接触測定の現状（3D データを活用した非接触自動測定への取り組み）、日本設計工学会誌（2018 年）

● 髙橋俊昭：設計コンテスト 2017（産学協同プロジェクトの意義）、日本設計工学会誌（2019 年）

中日英文對照表及索引

阻燃性	難燃性	Flame retardance	p101
咬花加工	シボ加工		p110
指引線	引出線		p32
苯乙烯-丙烯腈共聚物	アクリロニトリルスチレン	acrylonitrile-styrene copolymer	p95
特徵	形体	feature	p32,47
特徵控制框	公差記入枠	feature control frame	p55,60,66
基準	データム	Datum	p52
基準系統	データムシステム		p144
基準參考	データム指示	Datum Reference	p30
梨地加工	なし地加工		p110
理論正確尺寸	理論的に正確な寸法	TED：theoretically exact di-mension	p36,49
累進尺度標註法	累進寸法計入法		p39
統一公差指示	一括公差指示		p146
連字線	参照線		p64
連續尺度標註法	直列寸法計入法		p39
頂針	突き出し	ejection pin	p129
測試片調整架	リングスタンド		p101
無燄燃燒	残じん	afterglow	p103
註解	表示要求事項	Annotation	p30
註解面	要求事項配置面	Annotation plane	p30
極值法	ワーストケース	Worst case	p67
補強肋	補強リブ		p108,109
熔融指數	メルトフローインデックス（MFI）	Melt Flow Index	p120

聚乙烯	ポリエチレン	polyethylene	p95
聚丙烯	ポリプロピレン	Polypropylene	p95
聚甲基丙烯酸甲酯	ポリメチルメタクリレート	Polymethyl methacrylate	p95
聚甲醛	ポリアセタール／ポリオキシメチレン	Polyoxymethylene	p95
聚苯乙烯	ポリスチレン	Polystyrene	p95
聚苯硫醚	ポリフェニレンスルファイド	Polyphenylene sulfide	p95
聚苯醚	ポリフェニレンエーテル	polyphenylene ether	p95
聚氯乙烯	ポリ塩化ビニル	Polyvinyl Chloride	p95
聚對苯二甲酸乙二酯	ポリエチレンテレフタラート	polyethylene terephthalate	p95
聚對苯二甲酸丁二酯	ポリブチレンテレフタレート	Polybutylene terephthalate	p95
聚碳酸酯	ポリカーボネート	Polycarbonate	p95
聚醚碸	ポリエーテルスルホン	Polyethersulfone	p95
聚醚醯亞胺	ポリエーテルイミド	polyetherimide	p95
聚醯亞胺	ポリイミド	polyimide	p95
聚醯胺	ポリアミド	Polyamide	p95
模擬基準特徵	実用データム形体	simulated datum feature	p52
熱固性塑料	熱硬化性樹脂	Thermosetting resin	p94
熱塑性塑料	熱可塑性樹脂	Thermoplastic resin	p94
輪廓線	外形線		p32
導出特徵	誘導形体		p47,37

整體特徵	外殼形体		p47,37
隱藏線	かくれ線		p32
隱藏線移除	陰線処理	Hidden line removal	p144
懸臂梁	片持ち梁	cantilever beam	p127

國家圖書館出版品預行編目資料

圖解產品設計 / 高橋俊昭著；洪銘謙譯. -- 初版. -- 臺北市：易博士文化, 城邦事業股份有限公司出版：英屬蓋曼群島商家庭傳媒股份有限公司城邦分公司發行, 2023.12

　　面；　公分

譯自：即戦力になる人材を育てる!製品設計の基礎入門

ISBN 978-986-480-345-3(平裝)

1.CST: 機械設計 2.CST: 產品設計

446.192　　　　　　　　　　　　　　　　　　　112017731

DA3012
圖解產品設計

原 著 書 名／即戦力になる人材を育てる！製品設計の基礎入門
原 出 版 社／技術評論社
作　　　　者／高橋俊昭
譯　　　　者／洪銘謙
選 書 人／黃婉玉
責 任 編 輯／黃婉玉
行 銷 業 務／施蘋鄉
總 編 輯／蕭麗媛

發 行 人／何飛鵬
出　　　　版／易博士文化
　　　　　　　城邦事業股份有限公司
　　　　　　　台北市中山區民生東路二段141號8樓
　　　　　　　電話：(02)2500-7008　傳真：(02)2502-7676
　　　　　　　E-mail：ct_easybooks@hmg.com.tw
發　　　　行／英屬蓋曼群島商家庭傳媒股份有限公司城邦分公司
　　　　　　　台北市中山區民生東路二段141號2樓
　　　　　　　書虫客服服務專線：(02)2500-7718、2500-7719
　　　　　　　服務時間：周一至週五上午0900:00-12:00；下午13:30-17:00
　　　　　　　24小時傳真服務：(02)2500-1990、2500-1991
　　　　　　　讀者服務信箱：service@readingclub.com.tw
　　　　　　　劃撥帳號：19863813　戶名：書虫股份有限公司
香 港 發 行 所／城邦（香港）出版集團有限公司
　　　　　　　地址：香港九龍九龍城土瓜灣道86號順聯工業大廈6樓A室
　　　　　　　電話：(852)25086231　傳真：(852)25789337
　　　　　　　E-MAIL：hkcite@biznetvigator.com
馬 新 發 行 所／馬新發行所／城邦（馬新）出版集團 Cite (M) Sdn Bhd
　　　　　　　41, Jalan Radin Anum, Bandar Baru Sri Petaling, 57000 Kuala Lumpur, Malaysia.
　　　　　　　Tel：(603)90563833　Fax：(603)90576622
　　　　　　　Email：services@cite.my

視 覺 總 監／陳栩椿
美 術 編 輯／陳姿秀
封 面 構 成／陳姿秀
製 版 印 刷／卡樂彩色製版印刷有限公司

Original Japanese title: SOKUSENRYOKU NI NARU JINZAI WO SODATERU! SEIHINSEKKEI
NO KISONYUMON written by Toshiaki Takahashi
© Toshiaki Takahashi 2021
Original Japanese edition published by Gijutsu Hyoron Co., Ltd.
Traditional Chinese translation rights arranged with Gijutsu Hyoron Co., Ltd.
through The English Agency (Japan) Ltd. and AMANN CO., LTD.

2023年12月21日 初版1刷
ISBN 978-986-480-345-3(平裝)
定價700元　HK$233

城邦讀書花園
www.cite.com.tw